科学养鸡步步赢

鸡场建设关键技术

童海兵　王　强　主编

中 国 农 业 出 版 社

本书有关用药的声明

兽医科学是一门不断发展的学科。标准用药安全注意事项必须遵守，但随着科学研究的发展及临床经验的积累，知识也不断更新，因此治疗方法及用药也必须或有必要做相应的调整。建议读者在使用每一种药物之前，参阅厂家提供的产品说明以确认推荐的药物用量、用药方法、所需用药的时间及禁忌等。医生有责任根据经验和对患病动物的了解决定用药量及选择最佳治疗方案。出版社和作者对任何在治疗中所发生的对患病动物和/或财产所造成的伤害不承担任何责任。

中国农业出版社

本书编写人员

主　　编　童海兵　王　强

副 主 编　蔡　娟　许　明　卜　柱

参编人员　施寿荣　窦新红　卢　建

　　　　　　常玲玲　沈海玉

序

养禽业是我国畜牧业中的支柱产业，经过改革开放30多年的快速发展，综合生产能力显著增强，已成为世界第一养禽大国，取得了令世界同行瞩目的成绩。养禽业成为我国规模化和集约化程度最高、先进科学技术应用最多、与国际先进水平最接近的畜牧产业之一，科技进步对其发展发挥了巨大的推动作用。

由于家禽业生产周期短，饲料转换率高，禽肉、禽蛋已成为有益人类健康、廉价的主要动物蛋白来源之一。但近年我国养禽业受到了来自国内外各方面的挑战和冲击，总体看产业化程度有待提高，产品价格波动较大，局部疫情时有发生，不规范用药等引起的食品安全问题，给养禽业持续发展带来困扰。如何引导广大家禽从业者树立健康养殖观念、提高安全意识、采用先进科学的饲养管理技术、规范使用饲料添加剂和兽药、生产优质安全的禽产品成为当前家禽养殖业迫切需要解决的瓶颈问题。

《科学养鸡步步赢》丛书根据鸡场建设、消毒、疾病防控、用药、饲料配制、种鸡饲养与孵化等生产环节，以及不同鸡种生理特性和饲养管理分别成书，重点介绍关键技术方法，内容系统，理论联系实践，具有很强的针对性、科学性和可操作性，便于短期快速掌握关键技术，对提高我国家禽养殖业生产水平、禽产品质量和食品安全水平，增强产品竞争力，促进农民稳收增收具有推动作用。限于作者专业水平和实践经验，疏漏和不妥之处在所难免，敬请广大业界同仁不吝指正。

丛书编委会

本书前言

发展养鸡业是解决人类对动物性蛋白质需求的重要途径。近年来，我国养鸡业迅速发展，家庭养鸡场、养鸡专业户、养鸡联合体不断涌现，在畜牧业中发挥了重要作用。合理开发利用自然资源、改善养殖生产环境条件是养鸡业快速发展的必然要求，掌握和运用科学的鸡舍建筑与舍内环境控制的设计、施工与管理方法，使养鸡生产向着高产、优质、低耗、高效的方向发展是当前市场经济发展的必然趋势，也是广大养鸡生产者的迫切需要。

为适应我国畜牧业发展的新形势，满足新时期养鸡生产的需要，笔者结合30多年养鸡科研和生产实践工作经验，在参阅大量国内外资料的基础上编写了《鸡场建设关键技术》一书。本书跳出一般农业科普书籍的编撰老模式，充分吸取生产第一线丰富的实践经验，从养鸡产业的宏观和深度方面入手，重点突出了可操作性和实用性，强化市场意识，非常适合养鸡生产者、经营者阅读。

本书由养鸡场建设关键技术、孵化厂建设关键技术、饲料厂建设关键技术、废弃物处理场建设关键技术共四部分内容组成。其中，童海兵、蔡娟撰写第一章，许明、卜柱、常玲玲撰写第二章，施寿荣、卢建撰写第三章，王强、窦新红、沈海玉撰写第四章。蔡娟同时负责编辑插图工作。

在编著本书的过程中，还有诸多专家教授提出了宝贵的建议，一些基层技术人员也提供了很好的补充修改意见，在此一并致谢。同时，对书中不妥之处，也敬请同行和广大读者批评指正。

编　者

2014年12月于中国农业科学院家禽研究所（扬州）

目录

参考文献

第一章 养鸡场建设关键技术

第一节 养鸡场场址的选择

养殖场是家禽生长发育的生产场所，也是家禽产品生产的初期工厂，养殖场场址的选择和布局是否得当，鸡舍设计和建筑是否合理，都直接关系到饲养家禽性能的发挥和养殖场的经济效益。因此，养鸡场的建设需要相关行业专业人士的共同参与。

养鸡场场址的选择需综合考虑所饲养鸡的类型、规模、生产特点、饲养方式、集约化程度等基本特点，对选址的地理位置、地势与地形、土质、噪声、水源、电力和占地面积等情况进行全面考虑分析，建设一个与当地各种情况相适应的养鸡场。

一、地理位置

养鸡场的建设，必须符合整个国家畜牧业生产的规划和布局要求，在确定某地区或某城市郊区建场时，应符合当地的规划要求。

1. **位于城市郊区或靠近消费地区，一般以 10 千米左右为宜** 其产地接近消费地能及时销售新鲜的禽蛋产品，并能降低运输费用，减少运输损耗。但要注意不能忽略所在城市的远期规划，应考虑到城区扩大或居民点扩建的可能性。

2. **靠近饲料产地和饲料加工基地** 饲料占据养鸡生产成本的很大部分，约为 70%。将场址选择在丰产地区或距离饲料企业较近的地方，可以大大节省运输费用，降低成本。

3. **交通方便，利于饲料及产品运输** 养鸡场场址选择应考虑所处环境交通的便利性，既要方便又要满足卫生防疫和环境保护的要求。已有标准中提出场址应距离居民点及铁路交通要道2千米以上，距主要公路在1千米以上。

二、地势与地形

养鸡场场址要求地势较高、干燥、平缓、向阳。场址至少高出当地历史洪水水位线以上，其地下水应在2米以下。这样可以避免洪水的威胁和减少因土壤毛细管水位上升而造成的地面潮湿。如地势低洼或地面潮湿，病原微生物与寄生虫易于滋生，机具设备易被腐蚀，甚至导致鸡群各种疾病不断发生。

平原地区宜在地势较高、平坦而有一定坡度的地方，以便排水，防止积水和泥泞。地面坡度以1%～3%较为理想。山区宜选择向阳坡地，利于排水，且阳光充足，能减少冬季冷气流的影响。地形宜开阔整齐，不要过于狭长或边角太多，否则会影响建筑物合理布局，使场区的卫生防疫和生产联系不便，场地不能得到充分利用。

三、土质

鸡场场址的土质除要求有一定的承载能力外，还应是透气透水性强、毛细管作用弱、吸湿性和导热性小、质地均匀的土壤。

（1）砂土类的土壤颗粒较大，夏季日照后发射热大，再加上土壤的导热性大，热容量小，易增温，也易降温，昼夜温差明显，这种特性对鸡体不利。

（2）黏土类的土粒细、孔隙小、透气透水性弱、吸湿性强、毛细管作用显著，所以土壤易变潮湿，可使场区和舍内空气湿度过高，病原微生物、寄生虫易滋生。长时间积水易沼泽化，冬天结冻时土壤易膨胀变形。

（3）砂壤土兼有砂土和黏土的优点，透气透水性良好，雨季不会泥泞，能保持场区干燥，土地的导热性小，热容量较大，土温比较稳定，对鸡体的生长发育、卫生防疫、绿化种植等都比较适宜。

若由于客观条件的限制，场址的土质并不很理想时，需要在规划、设计、施工、使用和日常管理上，设法弥补场址土壤的缺陷。

四、噪声

鸡生性胆小怕惊，特别是产蛋母鸡，如有响声，尤其是爆发音和多变音能引起全群骚动，使生产受到影响。一般要求在鸡场周围500米之内不应有噪声大于70分贝的工厂。

五、水源

水对鸡非常重要，鸡体内水分占鸡体重的60%～70%，鸡体失水1/10将导致死亡。鸡的饮水量除随不同周龄而异外，还受外界温度的影响。水量要能长期稳定供应，即使在枯水季节也要能保证水量供应。

水质对鸡很重要，尽量不用地表水，如河流、湖泊中的水，可采用8～10米以下的深层地下水或自来水。因此，在选择场址、勘测水源时，应对水质进行物理、化学、微生物等方面的化验和分析，要求达到《无公害食品　畜禽饮用水水质标准》（NY5027—2001）。

六、电力供应

电是养鸡场必备的基本条件之一。喂料、给水、清粪、集蛋、照明、通风等要消耗很多电能。特别是密闭式鸡舍、孵化、育雏对电的依赖性更大。因此，要求鸡场场址不远离电源，供电必须保证连续、稳定、可靠。养鸡场应有自备电源。自备电源容量应维持生产用电最小负荷，一般按全场负荷的1/4～1/3考虑。

七、占地面积

鸡场场址的选择应以节约用地和少占良田为原则，尽量利用坡地、荒地和瘠地。鸡场占地面积的大小，根据鸡场的性质（种鸡场、商品蛋鸡场、肉鸡场），规模大小，经营范围（联合式企业还是专业性企业），饲养方式（平养、笼养），鸡舍建筑形式（平房、楼房）等不同，差异较大。在选择养鸡场场址时，估计用地面积可按表 1-1 中给定推荐面积加以控制。

表 1-1　不同类型养鸡场占地面积

类别	饲养规模（万只）	占地面积（公顷）	每只鸡平均占地面积（米^2/只）
祖代鸡场	1.0	5.2	5.19
	0.5	4.5	8.99
父母代蛋鸡场	3.0	5.8	1.93
	1.0	2.0	2.00
	0.5	0.7	1.40
父母代肉鸡场	5.0	7.6	1.52
	1.0	2.0	2.00
	0.5	0.9	1.80
商品代蛋鸡场	20.0	10.7	0.53
	10.0	6.4	0.64
	5.0	3.1	0.61
	1.0	0.8	0.80
商品代肉鸡场	100.0	8.0	0.08
	50.0	4.2	0.08
	10.0	0.9	0.09

总之，养鸡场场址的选择涉及的因素较多，必须认真对待，周密调查，综合考虑，经反复比较后加以确定。

第二节　鸡场建设布局

在选择好养殖场的建场地址后，就开始进入对整个鸡场的建设布局环节，合理的鸡场布局有助于实现高效的养殖效益，降低后续投资费用。下面主要围绕养鸡场的分类、布局和功能区设置等介绍鸡场建设的布局。

一、养鸡场的分类

新场的建立首先需要结合当地饲养习惯和市场需求，可以选择饲养种鸡或饲养商品鸡，或将二者结合起来，因此，养鸡场根据其性质和用途，以及饲养范围，大致可分为3类。

1. **专业性鸡场**　只饲养种鸡、蛋鸡或肉鸡。其特点是鸡场职能明确、生产工序简单、鸡舍类型不多、设备规格统一、饲养工艺定型、饲养技术容易掌握、有利于防疫、便于管理、总体布置比较简单。

2. **综合性鸡场**　可同时饲养种鸡和蛋鸡，或种鸡和肉鸡，也有的同时饲养种鸡、蛋鸡和肉鸡，有的还自备饲料厂。其特点是自繁自养、自加工饲料，规模不大、投资大，生产内容多，设备种类多，鸡舍类型多，场地功能分区复杂，总体布置困难，技术管理麻烦，周期长、经营管理困难，效益一般较低。

3. **养鸡联合企业**　由若干个专业化养鸡场组合而成。分别有种鸡场、孵化场、育雏育成场、蛋鸡场、饲料加工厂、屠宰厂、蛋禽加工厂、粪便处理厂等。其特点是各分厂之间有一定距离，既分散又联系。它们在总体规模、生产计划、工艺流程等方面相互紧密配合形成一个完整的有机体。有时甚至从产品的生产到销售上市都在联合企业内进行。大大节省成本，获得很高的经济效果。目前，这类实例主要体现在公司＋农户的合作模式中。

二、养鸡场规模

鸡场规模大小由投资建设的资金能力，所饲养的养鸡场类型，父母代种鸡场、孵化场和饲料厂是否配套，防疫技术，道路运输及对周围环境影响等因素决定。因此，鸡场规模的确定应考虑当地的具体条件、需要和可能性。养鸡场规模划分见表 1-2。

表 1-2　养鸡场规模划分

类别	大型养鸡场（万只）	中型养鸡场（万只）	小型养鸡场（万只）
祖代鸡场	≥1.0	<1.0　≥0.5	<0.5
父母代蛋鸡场	≥3.0	<3.0　≥1.0	<1.0
父母代肉鸡场	≥5.0	<5.0　≥1.0	<1.0
商品代蛋鸡场	≥20.0	<20.0　≥5.0	<5.0
商品代肉鸡场	≥100.0	<100.0　≥50.0	<50.0

注：肉鸡的规模系年出栏数，其余鸡场规模系成年母鸡鸡位数。

按功能要求，规模化养鸡场的构成分为生产建筑，辅助生产建筑及管理、生活建筑。具体内容见表 1-3。

表 1-3　养鸡场项目构成

类别	生产建筑	辅助生产建筑	管理、生活建筑
种鸡场	育雏舍、育成舍、种鸡舍、孵化厅、饲料加工厂	淋浴消毒室、兽医化验室、急宰间、焚烧室、消毒门廊、水源井、泵房、空压机房、锅炉房、变电室、发电机房、地磅房、暂存蛋库、垫草库、汽油库、饲料库、物料库、油库、机修车间、蓄水构筑物、洗衣间、包装品洗涤消毒间、污水粪便处理设施	办公室、家属宿舍、集体宿舍、食堂、门卫围墙
蛋鸡场	育雏舍、育成舍、蛋鸡舍、饲料加工厂		
肉鸡场	育雏舍、肉鸡舍、饲料加工厂		
孵化场	孵化厅	根据需要确定	

注：非独立孵化场不应再建辅助生产、管理、生活建筑。

三、养鸡场总体布置原则

养鸡场建设的总体布局原则应体现在以下 4 点。

1. **利于生产**　鸡场的总体布置首先要满足生产工艺流程要求，按照生产过程的顺序性和连续性来规划和布置建筑物，达到有利于生产，便于科学管理，从而提高劳动生产率。

2. **利于防疫**　养鸡场鸡群规模大、饲养密度高时，容易发生和流行鸡的疾病，要保证正常的生产，必须将卫生防疫工作提高到首要位置。一方面在整体布置上应着重考虑鸡场的性质、鸡体本身的抵抗力、地形条件、主导风向等，合理布置建筑物，满足其防疫距离的要求；另一方面还要采取一些行之有效的防疫措施。

3. **利于运输**　规模化养鸡场日常的蛋、禽、饲料、鸡粪及生产和生活用品的运输任务非常繁忙，在建筑物和道路布局上应考虑生产流程的内部联系和对外联系的连续性，尽量使运输路线方便、简捷、不重复、不迂回。

4. **利于生活管理**　规模化养鸡场在总体布局上应使生产区和生活区做到既分隔又联系，位置要适中，环境安静，不受鸡场的空气污染和噪声干扰，为职工创造一个舒适的环境条件，同时又便于生活、管理。

养鸡场总体布局见图 1-1。

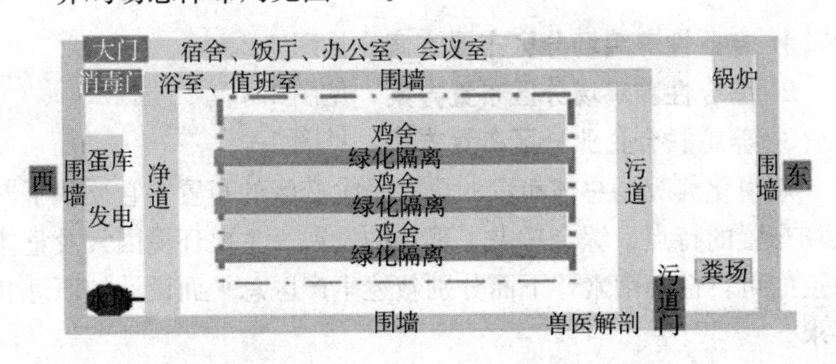

图 1-1　养鸡场总体布局

四、养鸡场功能分区和布置方案

规模化养鸡场的建筑物按其功能分成三类，每一类的建筑物可组成一个功能区。如分为管理区、生产区、病死鸡处置区。按其功能要求、主导风向、地形、鸡群的防疫能力及它们在生产流程中的相互联系作出分区布置方案。

（一）鸡场功能分区的一般要求

（1）种鸡舍应位于鸡场最佳位置，地势高、干燥、阳光充足、上风向、卫生防疫要求高。

（2）根据鸡群特征和自然抗病能力，应把雏鸡舍、育成舍依次放在蛋鸡舍的上风向或侧风向，以便减少雏鸡和育成鸡的发病率。

（3）堆粪场、待宰间、焚烧室等污秽处理设施应布置在远离鸡舍的下风向地段。

（4）辅助生产区位置适中，便于连接生产区和生活管理区。

（5）生活管理区应布置在上风向或侧风向，接近交通干线，方便内外联系。

（二）鸡场功能分区布置方案

1. **专业性养鸡场分区布置方案**　见图 1-2。
2. **综合性养鸡场分区布置方案**　见图 1-3。
3. **养鸡联合企业分区布置方案**　见图 1-4。

规模化养鸡场总体布置的重点是生产区的布置，它反映了养鸡场布置的特点，综合考虑了鸡场的发展、主要环境因素及整体防疫的可行性等因素，下面分别叙述生产区总平面设计的原理和要求。

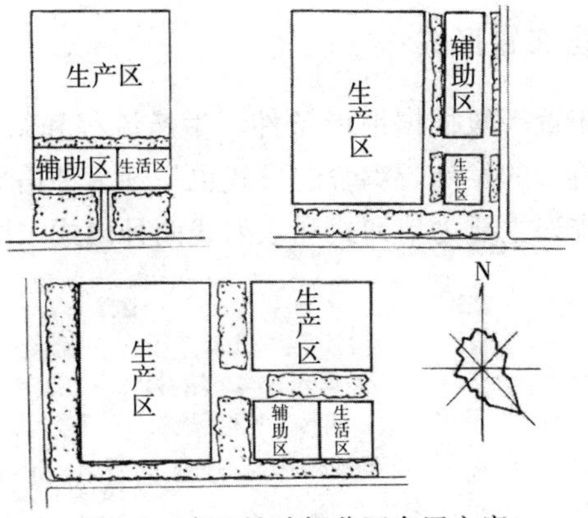

图 1-2 专业性鸡场分区布置方案

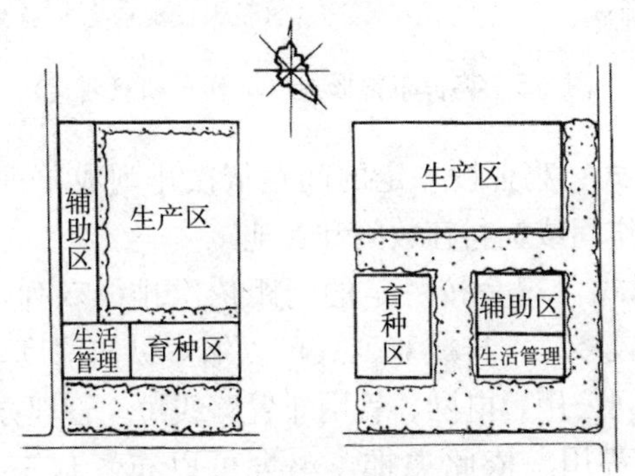

图 1-3 综合性养鸡场布置方案

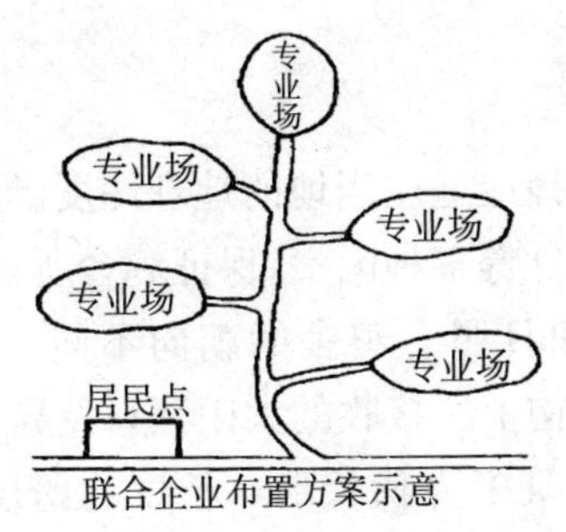

图 1-4 养鸡联合企业分区布置方案

五、鸡舍布置形式

鸡舍的布置一般根据地形条件、生产流程和管理要求而定。随着现代建筑学的发展，鸡舍的形式也呈现多种格局。目前国内常用的鸡舍排列主要为单列式和双列式两种形式（图 1-5）。

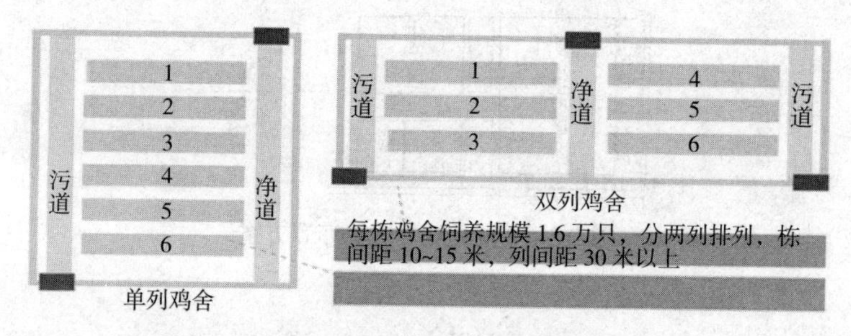

图 1-5 鸡舍布置形式（单列式和双列式）

1. **单列式** 鸡舍按一定的间距依次排列成单列，且一栋鸡舍设一个工作间或饲料存放间和粪池。

2. **双列式** 鸡舍按一定的间距依次排成双列，其特点是：当鸡舍栋数较多时，排成双列式可以缩短纵向深度，布置集中，供料路线两列公用，电网、管网布置路线短，管理方便，能节省投资和运转费用。依此类推，鸡舍可以布置成三列式、四列式等。

六、鸡舍朝向

鸡舍朝向的选择应适应当地的地理纬度、地段环境、局部气候特征及建筑用地条件等多种因素，保证鸡舍所处环境符合要求。

1. **鸡舍朝向和日照** 鸡舍的朝向不同，日照效果不一样，不同朝向的围护结构上所接收的太阳辐射差异很大。

目前，鸡舍建筑多为狭长形，长度比跨度大得多，一般为 8∶1～15∶1。在冬季为争取更多的太阳辐射热量，应将纵墙面对着太阳辐射强度较大的方向；夏季炎热地区的鸡舍应尽量避免太阳辐射热导致余热剧增，宜将鸡舍纵墙避开太阳辐射强度较大的方向。

2. **鸡舍朝向和通风**　气象部门所提供的风向玫瑰图（图 1-6）表示某一地区的风向和风向频率。风向吹向中心，图中最长的线段是当地出现次数最多的风向即主导风向。风向玫瑰图可用不同的线形表示出全年风频、夏季风频和冬季风频。鸡舍朝向和鸡舍布置与主导风向有密切关系，主导风向可直接影响冬季鸡舍的热量损耗和夏季鸡舍的舍内和场区通风。

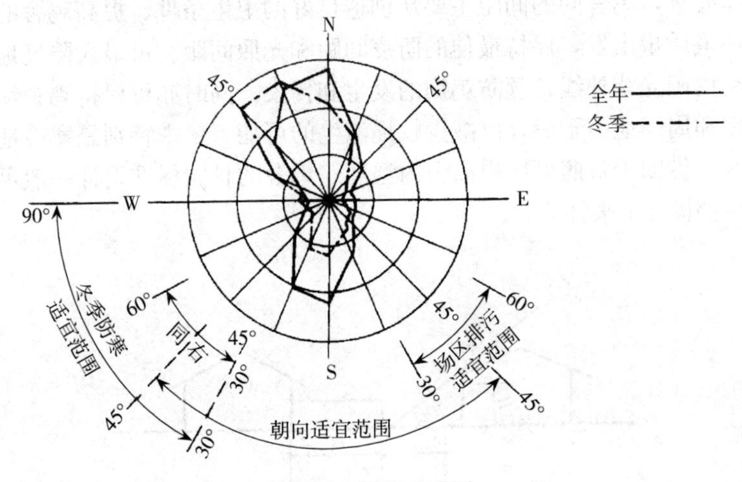

图 1-6　风向玫瑰图

在高密度饲养条件下，养鸡场必须通过机械通风将有害气体排至舍外，换进新鲜空气，以调节鸡舍内的氧气、温度和湿度，再由自然风将污秽气体排出场区，保证场区内及时补充到洁净空气，防止相邻鸡舍相互污染和疫病传染。自然通风仅适合于养殖规模较小、饲养密度较低的养殖场。

必须指出，在分析和确定鸡舍朝向时，有时诸因素之间往往相互矛盾，不能同时满足，这就要求综合考虑当地的气象、地形等特点，抓住主要因素，兼顾其他因素加以确定。

七、鸡舍间距

养鸡场中的鸡舍是成组排列的，鸡舍间有一定的距离要求。距离过大，就会占地太多，浪费土地，同时也增加道路和管线长度，不方便管理；距离太小，又会影响日照、通风、防疫及防火。因此，鸡舍间距必须从为鸡群创造良好的饲养环境出发，根据下述诸因素综合分析来确定。

1. 日照间距要求 当前国内的规模化养鸡场对日照已无具体要求，鸡舍间的间距主要从创造良好的卫生条件、提高鸡舍的环境质量出发，保持最佳的防疫间距和光照间距。可最大限度地利用阳光紫外线，预防鸡病的发生和传染。同时亦可保持鸡舍纵墙和周围地面干燥，以减少蚊蝇滋生的可能。冬季特别是寒冷地区，借助于日照可以提高舍内温度。鸡舍的日照标准设计一般可按照图 1-7 来计算。

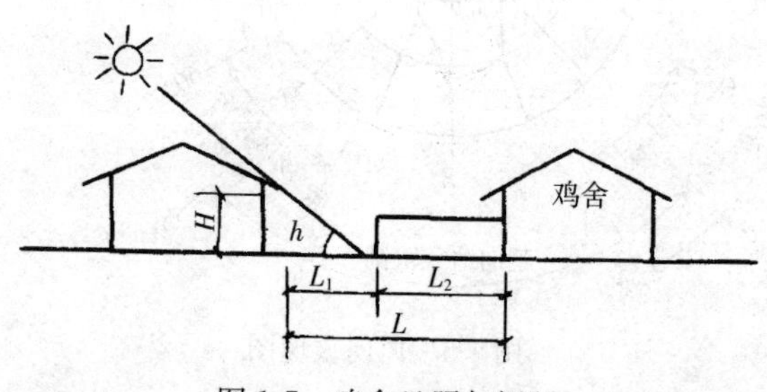

图 1-7　鸡舍日照与间距

鸡舍间距按下式计算：

$$L=L_1+L_2，L_1=H/\mathrm{tg}h$$

式中：H——鸡舍檐高；

h——太阳高度角；

L_1——前排鸡舍后檐到后排鸡舍运动场的距离；

L_2——后排鸡舍运动场的宽度。

没有运动场则 $L_2=0$

在计算公式中，太阳高度角 h，在我国计算建筑物日照间距时，是以冬至日中午（11～13 时）两小时为日照时间标准，并将其作为计算日照间距的依据。

根据不同地区的太阳高度角和冬至日中午阳光能照到后排底层鸡舍墙脚的要求，可以算出鸡舍的日照距离。经计算，我国绝大部分地区鸡舍建筑的日照间距为 $L=(1\sim2)H$。

2. **通风间距要求**　气流经过鸡舍建筑，其背风面形成涡流，流场紊乱，难以对后排鸡舍纵墙产生风压，造成后排鸡舍通风不良。因此，应尽量减少漩涡区的范围。一般风向入射角（鸡舍朝向与主导风向的夹角）为 30°～60°时，既可减少鸡舍距离，又可获得良好的通风效果。通常自然通风的鸡舍间距等于或大于 5 倍鸡舍檐高，机械通风的鸡舍间距等于或大于 3 倍鸡舍檐高较为适宜。

3. **防疫间距要求**　防疫间距和通风间距的确定有密切关系。防疫要求前栋鸡舍内排出的有害气体、粉尘微粒和病菌不能进入后栋鸡舍，就是要求后排鸡舍布置在前排鸡舍背风面涡流区之外的适当距离。对自然通风鸡舍取等于或大于 5 倍鸡舍檐高为宜。对于机械通风的密闭式鸡舍，由于相邻鸡舍进气口和排气口都是相对布置，鸡舍排出的有害气体等相互影响较小，所以取 3 倍鸡舍檐高的防疫距离就可以满足要求。鸡舍防疫间距可参照表 1-4。

表 1-4　鸡舍防疫间距

单位：米

类型		类别	同类鸡舍	不同类鸡舍	与孵化场
种鸡场	祖代鸡场	种鸡舍、育雏育成舍	20～30	40～50	100 以上
			20～30	40～50	50 以上
	父母代鸡场	种鸡舍、育雏育成舍	15～20	30～40	100 以上
			15～20	30～40	50 以上
商品鸡场		蛋鸡场	12～20	25～30	300 以上
		肉鸡场	12～20	25～30	300 以上

注：摘自中华人民共和国专业标准《工厂化养鸡场建设标准》。

4. 防火间距 为了防止火灾向相邻建筑蔓延，必须留有防火间距。防火间距即一栋建筑物起火，对面建筑物在热辐射的作用下，没有任何保护措施不会起火的距离。防火间距不少于10米。

综上分析，自然通风鸡舍间距取5倍鸡舍檐高以上，机械通风鸡舍间距取3倍鸡舍檐高以上，即可满足日用、通风、防疫和防火要求。但是，在确定鸡舍间距的诸多因素中，防疫间距极为重要，所以，鸡舍间距通常只考虑满足鸡舍的防疫间距。

八、鸡场道路

规模化养鸡场的运输繁忙，主要是饲料、粪便、蛋品、鸡只和生产生活用品的运输。为了防疫，在规划道路时，必须分工明确，防止交叉感染。一般将运输饲料、鸡只、蛋品等清洁物品的道路称为清洁道，简称净道（图1-8）；将运输粪污、病鸡和进行笼具消毒等的道路称为污染道，简称污道（图1-9）。要求总体布局时，将清洁道和污染道分开布置，互不相通，也不交叉。

图1-8　养鸡场净道

图1-9　养鸡场污道

规模化养鸡场场内道路，宜按郊区型设计。主要干道为5.5～6.0米宽的中级路面。一般道路宜为2.5～3.0米宽的低级路面。

九、鸡场防疫

规模化养鸡场的卫生防疫至关重要，健全的防疫体系内容较多，就工程措施来说，应做到以下几点。

（1）规模化养鸡场的总平面布置应使生产区、辅助生产区及生活管理区功能分工明确。生活管理区布置在生产区夏季主导风向的上风向或侧风向处，距离宜在50米以上。一般在生产区周围建造围墙、绿化带，形成独立的作业区，切断外界污染因素的干扰。

（2）在鸡场大门入口处应设置车辆消毒池、脚踏消毒池，生产区入口处应设人和车辆喷淋消毒装置，以及紫外线消毒间（图1-10）。

图 1-10　鸡场内外消毒设施

（3）污水及粪便处理区，病死鸡焚烧或高压热处理设施均应设在生产区的下风向，且用林带隔离。

（4）鸡舍与场区围墙距离以15～30米为宜。

（5）国内外学者认为，鸟类是带病菌的主要传播者，所以自然通风的窗洞，机械通风鸡舍的进、排风口应设防护网防止鸟类进入。

十、鸡场绿化

绿化是衡量环境质量的一项重要指标。鸡场的绿化设计必须注意不影响场区通风和鸡舍的自然通风效果，其布置要点如下。

（1）保证场区有良好的通风，鸡场上风向不应种植树冠大、挡风的树木，应该种植一些低矮的灌木、草皮。

（2）鸡舍间距内绿化，应注意不影响纵向排污作用，也不要影响自然通风鸡舍窗口进出风。宜种植一排高大能遮阳而不挡风的乔木，如钻天白杨、杨槐等靠近后栋鸡舍的迎风面；前栋鸡舍的背风面宜种夹竹桃、女贞等灌木，不影响舍外气流进入后栋鸡舍（图 1-11）。

图 1-11　鸡舍间距内绿化布置

（3）机械通风的鸡舍在迎风面附近种植丝瓜、葡萄等棚架，可以起到防尘、过滤空气及降低温度等作用。

（4）规模化养鸡场的生产区与辅助区、生活管理区之间，以及鸡舍群之间，在总体规划布局时就留有较宽阔的防疫地带，应利用此空间种植一些刺槐、榆树、白杨等组成防疫林带。但应注意疏密有别，不要影响场区通风。

（5）场内道路两旁可进行重点绿化，与风向平行的道路宜种植防污吸尘力强、树冠高大、叶小而密的树种，如榆树、白杨等；与风向垂直的道路两旁应种植低矮不挡风的灌木，如夹竹桃、大叶黄杨等。

规模化养鸡场的绿化设计是一项不可忽视的工作，应根据养鸡场的环境特点选择一些适宜的树种，做到乔木与灌木、常绿与落叶、不同的树姿和色彩相组合，也可种植一些果树，如油料作物，使绿化和生产相结合。

十一、鸡场建筑指标的确定

1. **鸡场占地面积**　鸡场占地面积不能超过表1-1中所规定的指标。

2. **鸡场建筑面积**　鸡场建筑面积与饲养鸡的类别及规模有关，其总面积的控制可参照表1-5。

表1-5　养鸡场建筑面积

类型	类别		饲养规模（万只）	总建筑面积（米^2）	生产建筑面积（米^2）	辅助生产建筑面积（米^2）	管理、生活建筑面积（米^2）
种鸡场	祖代鸡场		1.0	6 170.0	5 370.0	530.0	270.0
			0.5	3 480.0	3 020.0	300.0	160.0
	父母代	蛋鸡场	3.0	9 690.0	8 420.0	850.0	420.0
			1.0	3 340.0	2 930.0	290.0	120.0
			0.5	1 770.0	1 550.0	150.0	70.0
		肉鸡场	5.0	17 500.0	15 240.0	1 500.0	760.0
			1.0	3 530.0	3 100.0	310.0	120.0
			0.5	1 890.0	1 660.0	160.0	70.0
商品鸡场	蛋鸡场		20.0	23 590.0	20 520.0	2 050.0	1 020.0
			10.0	10 410.0	9 050.0	910.0	450.0
			5.0	6 290.0	5 470.0	550.0	270.0
			1.0	1 340.0	1 160.0	120.0	60.0
	肉鸡场		100.0	21 530.0	18 720.0	1 870.0	940.0
			50.0	10 750.0	9 340.0	940.0	470.0
			10.0	2 150.0	1 870.0	190.0	90.0

注：1. 总建筑面积均不超过20%。

2. 肉鸡场规模系年出栏鸡数，其余鸡场规模系成年母鸡鸡位数。

3. 管理、生活建筑面积不包括家属宿舍和集体宿舍。

3. **建筑系数** 计算公式如下。

$$建筑系数=\frac{建筑物占地面积+构筑物占地面积+露天仓库堆场占地面积}{总占地面积}$$

国内规模化养鸡场的建筑系数一般为20%左右。

十二、鸡舍栋数的确定

根据饲养工艺可以算出各类鸡舍的饲养量和各类鸡舍需配备的栋数。

1. **鸡群的周转计算** 雏鸡数乘以成活率约95%（因死亡率约5%）转至育成鸡数，再乘以成活率约89%（因淘汰率约8%，死亡率约3%）转至产蛋鸡数。也就是通常所说的鸡场规模数，如20万只。因而，只要确定了规模，就能算出每个饲养阶段的鸡群数，见表1-6。

表1-6 产蛋鸡每阶段饲养天数

饲养阶段	饲养天数	转群、清理等天数	饲养一批总天数	每栋一年饲养批数
雏鸡	40	10～20	60	6
育成鸡	100	10～20	120	3
产蛋鸡	365	10～20	365	1

2. **鸡舍栋数确定** 根据以上分析可知：一栋雏鸡舍一年饲养6批，而一栋育成鸡舍一年只能饲养3批，每批雏鸡都要转群至育成鸡舍，所以一栋雏鸡舍需要两栋育成鸡舍相适应，由此类推，一栋育成鸡舍需要两栋蛋鸡舍相适应。

第三节 鸡舍建设设计

鸡舍是鸡生活的直接环境，养鸡场的生产效益和经济效益与鸡舍的建设设计密切相关，总的来讲，鸡舍的建设应遵循以下5个要求：①创造适宜的养鸡环境；②适合集约化生产的工艺；③采用合理技术措施；④经济性；⑤满足鸡舍建筑物的美观及与鸡场总平面布置的统一协调。

一、鸡舍分类

鸡舍按不同分类方法具有不同的形式，具体分类见图1-12。

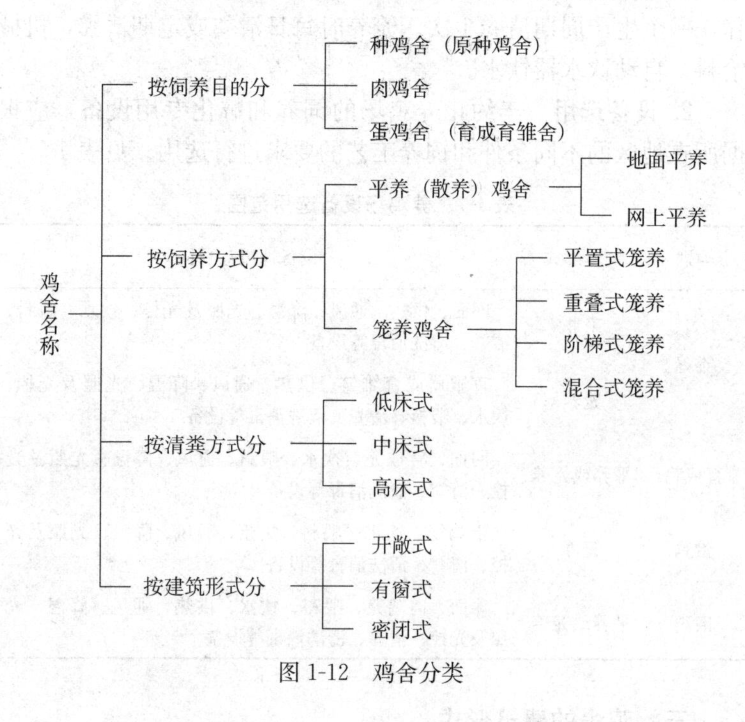

图1-12　鸡舍分类

二、工艺和设备

1. 工艺设计　集约化养鸡场的工艺设计应遵循单栋舍、小舍或全场全进全出制的原则。根据集约化养鸡场的标准，建议饲养工艺遵循如下的技术路线。

（1）种鸡场　采用二阶段或三阶段饲养方式，2/3 床面平养、地面平养或不同形式的笼养，机械或人工给料，自动给水，人工集蛋，一个生产周期清粪 1 次或定期清粪。

（2）蛋鸡场　一般采用三阶段或二阶段饲养方式，笼养，机械或人工给料，自动饮水器饮水，人工或机械集蛋，每日清粪 1 次或定期清粪。

（3）肉鸡场　采用一阶段饲养方式，垫料、床面平养或笼养，一个生产周期清粪 1 次。笼养时每日清粪或定期清粪，机械给料，自动饮水器饮水。

2. **设备选用**　集约化养鸡场的饲养和孵化专用设备，应根据所在地区的不同条件和饲养工艺的要求进行选用。见表 1-7。

表 1-7　养鸡场设备选用范围

类别	饲养形式	设备选用范围
雏鸡	平养	网面、供热、通风、降温、光照及光控、饮水、喂料、清粪、清洗消毒等设备
	笼养	育雏器或育雏笼、供热、通风、降温、光照及光控、饮水、喂料、清粪、清洗消毒等设备
育成鸡	平养或笼养	网面、育成笼、饮水、喂料、通风、降温、光照及光控、清粪、清洗消毒等设备
蛋鸡	笼养	蛋鸡笼、饮水、喂料、集蛋、通风、降温、光照及光控、清粪、清洗消毒等设备
肉鸡	平养或笼养	床面、肉鸡笼、喂料、饮水、供热、通风、降温、光照及光控、清粪、清洗消毒等设备

三、鸡舍的建筑形式

（一）开敞式鸡舍

开敞式鸡舍分为两类：①全开敞式。两侧只有 500～600 毫米低矮的纵墙，其上至屋檐全部敞开，加上铁丝网或尼龙塑料网等围栅。有的再加上双覆膜塑料纺织布做成的卷帘，用以避风雨、保温和通风换气。②半开敞式。两侧纵墙部分敞开，上部敞开或上、下均有敞开部分。有的南墙敞开大，北墙敞开少（图1-13）。

图 1-13　开敞式鸡舍

1. 开敞式鸡舍的特点　以自然采光、自然通风为主，鸡舍建筑比较简易、土建造价低，节省能源，管理费用低。

2. 采用开敞式鸡舍的依据　根据饲养工艺提出的饲养环境要求，结合当地气象条件，如温度、湿度、台风暴雨等环境因素来确定。

3. 适用条件　一般情况下，开敞式鸡舍多建于我国南方地区，南方夏季温度高、湿度大，冬季不太冷。此外，也可以作为其他地区季节性的简易鸡舍（主要肉鸡饲养）。

4. 设计要点　设计时主要考虑隔热、降温、通风、遮阳、防雨、防寒等问题。

（二）有窗式鸡舍

有窗式鸡舍是开敞式鸡舍到密闭式鸡舍的过渡形式，在鸡舍纵墙上设置可以开闭的窗扇，仍以自然采光和自然通风为主（图1-14）。

图 1-14　有窗式鸡舍

1. 有窗式鸡舍的特点　合理选择侧窗和开窗的形式、大小，科学布置侧窗、天窗的位置，可以达到较理想的采光和通风效果。利用窗的开闭不仅能调节风量，而且可起到隔热、防雨的作用。有窗式比开敞式的土建造价偏高，但环境较易控制，它比密闭式节省能源和管理费用。

2. **采用有窗式鸡舍的依据** 同开敞式鸡舍。

3. **适用条件** 一般适用于中国中部地区，如黄河以南、淮河、长江流域。

4. **设计要点** 上述地区靠北部分，既应考虑防寒又要考虑通风；靠南部分主要考虑夏季通风、隔热、降温，并兼顾冬季保温。通过对通风窗大小、布置和开启方式的设计，既要达到组织好自然通风的气流，又要达到保温的目的。

（三）密闭式鸡舍

密闭式鸡舍又称封闭式鸡舍，多为全封闭式，少数在墙上设有进出气孔与外界环境相通。可完全摆脱自然条件的影响，采用人工光照、机械通风、人工供暖（图 1-15）。

图 1-15 密闭式鸡舍

1. **密闭式鸡舍的特点** 人工创造适宜鸡体生长的生理环境。温度、湿度、光照、通风等能根据需要人为控制，提高了生产率。密闭式鸡舍比开敞式鸡舍，一般产量提高 10%～15%。减少传染性疾病，死亡率低。蚊、蝇、鸟、鼠不易进舍，减少传染机会，利于防疫。采用自动控制和机械生产，可节省劳力、提高管理定额、降低成本，但管理技术要求高，先进管理水平下一个饲养员可管理 5 万只蛋鸡或 10 万只平养肉鸡。密闭式鸡舍投资大、能耗大，对鸡舍建筑质量要求高、设备多，单位建筑面积的土建造价比开敞式增加 40%～50%。同时对电力依赖性大、耗电量大，一个 20 万只的蛋鸡场年耗电量可达 140 万度。

2. 采用密闭式鸡舍的依据 除同开敞式鸡舍外，应侧重考虑资金来源的可靠性和管理人员的技术水平。

3. 适用地区 密闭式鸡舍一般适用于中国北方寒冷地区，即黄河以北，如西北、东北及山东北部，该地区冬季累年最冷月平均温度－4℃以下，成长季累年最热月平均温度在26℃以下，这些地区采用密闭式鸡舍为多。但在中原地区甚至南方地区采用密闭式鸡舍也有不少成功的经验。

4. 设计要点 设计时主要考虑冬季保温防寒，其次考虑夏季防暑问题。虽然密闭式鸡舍不受朝向限制，但在布置上尽量争取较多的日照，抵御风的袭击。外墙特别是屋顶要有较好的保温性能。密闭式鸡舍光照比较容易满足，重点是通风设计。因为其用机械通风来调节温湿度和通风换气量，所以进排风口的位置、大小、形式、风机的规格型号、换气方式等设计极为重要。

四、鸡舍平面设计

（一）鸡舍的平面布置形式

规模化养鸡场的生产建筑主要是指鸡舍，一栋鸡舍只是一个基本单体，一个养鸡场是由若干个基本单体按一定的规律组合起来的，所以做好鸡舍单体的设计极为重要。

一栋鸡舍内部的平面面积按功能分为饲养面积、工作管理面积和走道面积三部分。下面分别叙述各部分面积的平面布置形式。

1. 饲养和工作管理部分的平面布置 见图1-16。

（1）一端式 将工作管理间包括饲料间、值班更衣室、贮藏室、控制室等设置在饲养间一端，有利于发挥机械效率，便于组织交通路线。

（2）中间式 为了节省面积，也可将工作管理间设在两饲养间之间，以达到“一管二”的目的。但这种组合布置当鸡舍有两

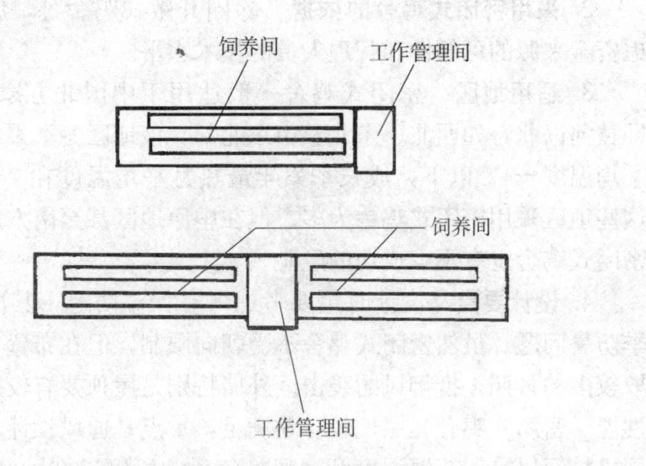

图 1-16　饲养间与工作管理间的平面布置

栋以上时，送料和运粪道路布置困难，会出现迂回和交叉。所以大规模多栋鸡舍不宜采用这种平面布置。

2. 饲养和走道部分平面布置

（1）平养鸡舍平面布置　地面平养或网上平养可布置为以下几种形式。

1）无走道式　饲养区内无走道，只是用活动隔网分成小区，以便控制鸡群的活动范围，鸡舍利用率高，舍内设有机械喂料槽、自动饮水器、保温伞等，设备可以悬挂，根据鸡只大小调节高度。舍内一端设有工作管理间，内有喂料器传动机构、输送装置及喂料、风机、照明等控制台。工作管理间和饲养间用隔墙分开，并设一小门供饲养员用，其他管理人员不得直接进入鸡舍饲养区（图 1-17）。

2）单走道单列式　鸡舍内布置单列饲养区，其一侧设有走道（图 1-18），一般跨度较小，管理方便，多作为种鸡舍。鸡舍一端布置工作管理间，另一端布置粪坑，南侧亦可设运动场。

3）中走道双列式　走道设在两列饲养区之间，相当两个单列式（图 1-19）。中走道双列式跨度比单列式大，所以外围墙体减小，走道为两列饲养区公用，利用率高，比较经济。

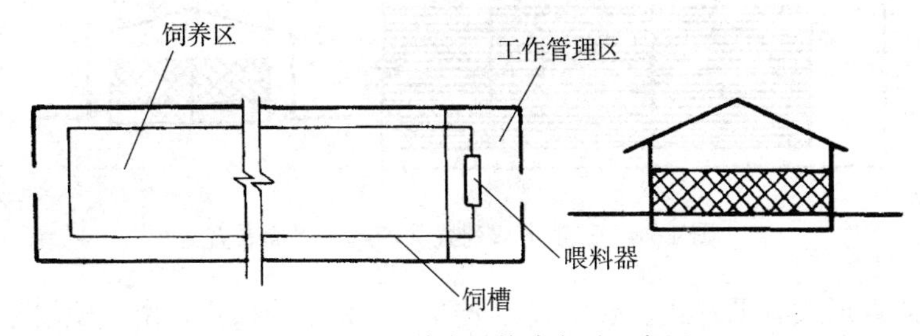

图 1-17　无走道式平养鸡舍平面布置

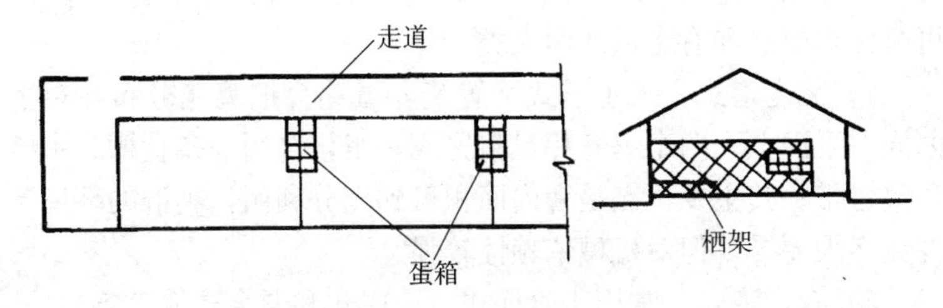

图 1-18　单走道单列式平养鸡舍平面布置

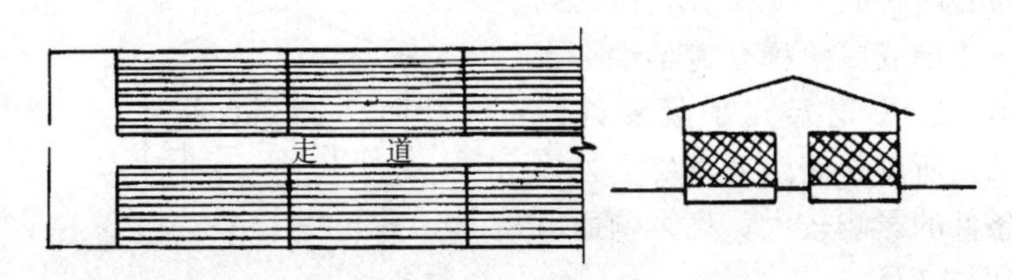

图 1-19　中走道双列式平养鸡舍平面布置

4）双走道双列式　饲养区布置在鸡舍中间用隔网分成两列，双走道分别设在两纵墙内侧（图 1-20）。

此外，跨度较大的平养鸡舍可以布置成双走道四列式等，此时采用自然通风有困难，需要设置辅助机械通风。

（2）笼养鸡舍平面布置　目前国内常见的笼养鸡舍内的鸡笼

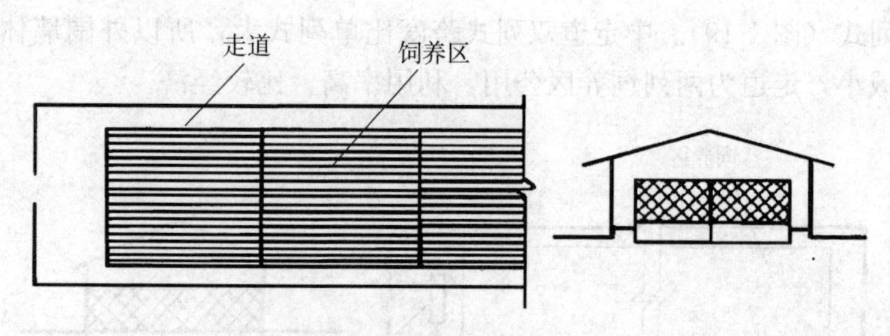

图 1-20　双走道双列式平养鸡舍平面布置

配置形式有平置式、叠层式、全阶梯式和半阶梯式，由于笼架配置形式不同和排列方式不同，笼养鸡舍平面布置方案各有差异，可分无走道式和有走道式两大类。

1）无走道式　无走道式平置笼养蛋鸡舍把鸡笼分布在鸡舍内同一平面上，两个鸡笼相对布置成一组，合用一条食槽、水槽和集蛋带。其主要优点是舍内面积得到充分利用，鸡群的环境条件无多大差异，但对机械依赖性较强。

2）有走道式　常用于阶梯式、叠层式和混合式笼养鸡舍。

①二走道三列式：中间布置三或二阶梯全笼架，靠两侧纵墙布置阶梯式半笼架。它比两列三阶梯或二阶梯全笼架少一走道。因关笼架几乎紧靠外纵墙，所以外侧两列鸡群受外界条件的影响较大，且影响通风（图 1-21）。

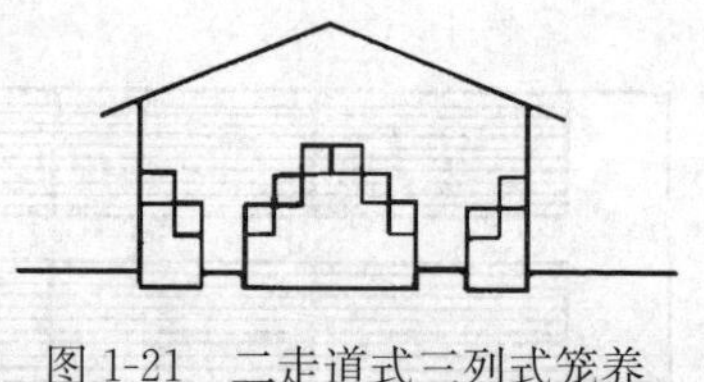

图 1-21　二走道式三列式笼养

②三走道二列式：舍内布置两列鸡笼架，靠两侧纵墙和中间共设三个走道，适用于阶梯式、叠层式和混合式笼养，虽然交通面积较多，但使用管理方便，因笼架和外纵墙有走道相隔，鸡群直接受外界影响较少，对鸡群生长发育有利，避免了鸡群生长发育不均的现象。为“全进全出”创造了更有利的条件（图 1-22）。

③四走道三列式：布置三列鸡笼架，设四列走道，这是目前国内多数鸡场最主要的一种布置方式。依此类推有五走道四列式、六走道五列式。

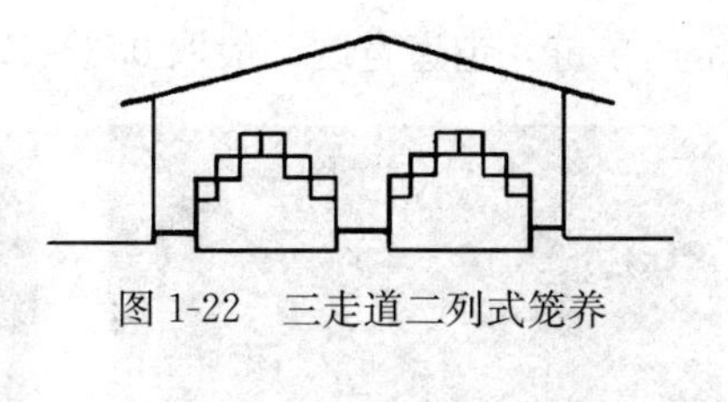

图 1-22 三走道二列式笼养

（二）鸡舍平面尺寸的确定

鸡舍平面尺寸主要是指鸡舍的跨度和长度，它与鸡舍所需的建筑面积有关。

平养鸡舍的建筑面积＝饲养间面积＋工作间面积＋结构面积。而饲养间面积＝饲养区面积＋走道面积＋机械设备所占的面积。

笼养鸡舍的建筑面积＝饲养间面积＋工作间面积＋结构面积。而饲养间面积＝笼架所占面积＋走道面积＋机械设备所占面积。

从上面可以看出，决定鸡舍建筑面积大小的主要是饲养面积，其次是走道面积。但是，满足鸡舍建筑面积的平面尺寸（跨度和长度）可以很多，在平面设计时如何选择，分述如下。

1. 鸡舍跨度

（1）根据饲养工艺要求、机具设备布置和使用要求，确定平养或笼养鸡舍的平面布置形式：有无走道，有几列走道，几列饲养区或几列笼架等。

由饲养量及选用的喂料机械每米饲槽长度担负的鸡只数，在保证有足够喂饲长度的情况下，初拟出饲养区的宽度和长度。

在平养鸡舍中，饲槽的布置方案常见的有单链（沿长度方向有两条喂饲线）和双链（四条喂饲线）（图 1-23、图 1-24）。一般平养肉鸡舍和平养蛋鸡育成舍饲养区宽 5 米左右，采用单链；宽度 10 米左右，常用双链。平养种鸡饲养区宽度在 10 米左右，常用单链，走道宽度一般取 0.6～1.0 米。

图 1-23　平养肉鸡舍

图 1-24　平养育雏育成室

（2）考虑鸡舍的通风方式　如开敞式鸡舍采用横向自然通风，跨度为 6 米左右，可取得较好的通风效果。密闭式鸡舍采用横向机械通风，其跨度多为 12 米或 15 米，可以充分发挥机械效率。

（3）鸡舍跨度应尽量符合建筑统一模数要求　如前所述，鸡舍跨度要满足饲养工艺和机具设备布置的要求，不一定是建筑扩大模数 30 米的倍数。如过于强调必须符合模数制，其结果不是工艺布置紧张，就是面积浪费。如广东南海某鸡场，种鸡舍采用两高一低、网结合的平养方式，两侧高出部分为布置链式喂料线回转半径的需要，宽度设为 3.25 米，中间低下部分宽度确定为 4.0 米，是为了种鸡活动需要，按此算出鸡舍跨度 10.5 米即可满足要求，如迁就建筑模数制，跨度减为 9 米则活动面积紧张；如加大跨度至 12 米，则面积浪费且通风效果不好。结果鸡舍跨度采用 10.5 米，只能设计非标准屋架。

对于笼养鸡舍，目前采用三层全阶梯比较多，三层全阶梯蛋鸡笼底层蛋槽外缘之间宽为 2 100～2 200 毫米，走道净距以不小于 600 毫米计算，当跨度取 9 米时，一般可布置三列笼架四走道；当跨度取 12 米时，一般可布置四列笼架五走道；当跨度取 15 米时，一般可布置五列笼架六走道。

鸡舍跨度取3米的倍数，如6米、9米、12米、15米等，使鸡舍的构、配件（特别是屋盖系统）能和工业与民用建筑构、配件通用，提高鸡舍建筑的通用化和装配化程度，利于缩短建筑周期，以减少投资、增加效益。

一般来说，平养鸡舍的跨度容易满足建筑模数要求，笼养鸡舍跨度与笼架尺寸（决定选用的设备型号）及操作管理需要的走道宽度有关。可以看出，鸡舍标准化、定型化，首先饲养工艺、机械设备要定型，而工艺、设备的定型又应考虑鸡舍建筑标准化问题。这就必须多学科的科技人员密切合作，根据鸡舍的类别、饲养方式、设备类型和操作管理要求提出相应的跨度尺寸，配置相关结构体系，即使构、配件符合统一模数标准，又能使鸡舍平面尺寸满足饲养工艺、机具布置要求，并使建筑面积得到充分合理的应用。

（4）考虑土建投资的经济性　在外围墙体相同长度的情况下，面积随着跨度的增加而增加，单位面积所占的外围墙体长度随着跨度的增加而减少（表1-8）。

表1-8　鸡舍跨度、面积、外围长度比较

跨度（米）	长度（米）	面积（米^2）	外围长度（米）	百分比（%）	单位面积所占外围长度（%）
9	100	900	218	100	0.242
12	97	1 164	218	130	0.187
15	94	1 410	218	157	0.155

从表1-8可以看出，当外围长度均为218米时，跨度12米的面积较9米的增加30%，单位面积所占的外围长度减少5%；跨度15米的面积较9米的增加57%，单位面积所占的外围长度减少8.7%。由于跨度增加，屋架等构件的混凝土及钢材用量也有所增加，但最后综合单位造价，大跨度较小跨度经济。另外，从单位面积所占外围长度来看，跨度大有利于保温，所以在满足上述因素的前提下，选择较大跨度是有利的。

2. **鸡舍长度** 应根据以下几方面来确定。

（1）鸡群的饲养量 每单元鸡舍的饲养量取决于养鸡的种类、饲养方式、机械化自动化程度和管理水平等因素。应根据鸡场群更新周转的生产流程来确定鸡舍单体的饲养量，如按平养鸡舍长度，算出单栋鸡舍的饲养量 Q（只），再查表 1-9、表 1-10 得到饲养密度 q（只/米^2）参考值。

表 1-9 平养雏鸡的饲养密度（5～6 周龄）参考值

单位：只/米^2

雏鸡种类	来航鸡	中型蛋鸡	来航鸡种鸡		中型蛋用鸡种鸡		肉用鸡种鸡	
			公	母	公	母	公	母
饲养密度	14.3	12.7	10.8	12.7	8.6	10.4	7.2	10.8

表 1-10 平养（全垫料）育成鸡饲养密度（6～22 周龄）参考值

单位：只/米^2

育成鸡种类	来航鸡		中型蛋用鸡		来航鸡种鸡		中型蛋用鸡种鸡		肉用鸡种鸡	
	<18 周龄	18～22 周龄	<18 周龄	18～22 周龄	公	母	公	母	公	母
饲养密度	8.3	6.2	6.3	5.4	5.4	5.4	4.9	4.3	3.6	2.7

注：半网平养饲养密度提高 30%，全网平养饲养密度提高 60%。

平养鸡舍饲养区面积按式（1）计算：

$$A=\frac{Q}{q} \tag{1}$$

式中：A——平养鸡舍饲养区面积；

Q——每批饲养量；

q——饲养密度。

鸡舍初拟长度按式（2）计算：

$$L=\frac{A}{B+nB_1}+L_1+2b \tag{2}$$

式中：L——鸡舍初拟长度（米）；

B——初拟饲养区宽度（米）；

n——走道个数；

B_1——走道宽度（米）；

L_1——工作间开间（米），一般取 3.6 米或 3.9 米；

b——内墙皮距轴线距离（米），一般外墙取 360 毫米，b 取 0.12 米。

笼养鸡舍长度。以 10 万只蛋鸡场为例，根据生产流程安排蛋鸡舍每批饲养量为 0.88 万只。先要确定鸡笼组总长度，若采用三层全阶梯中型蛋鸡笼，鸡笼组长度为 2 078 毫米，每组笼饲养 96 只鸡。饲养 0.88 万只鸡需要的鸡笼组数＝饲养量/每组笼饲养只数＝8 800/96≈92（组），考虑到系列化，实际取 93 组。如设计成 3 列，每列笼组数 93/3＝31（组），则鸡笼的安装长度 $L_{笼}$＝笼组长度×每列笼组数＝2 078×31＝64 418（毫米）＝64.418（米）。鸡舍净长度除依据笼组总长外，还要加上设备安装长度和使用长度等项。包括：

首部工作间开间：$L_1=3.0\sim3.6$ 米

首部使用操作长度：$L_2=1.5$ 米

头架尺寸：$L_3=1.01$ 米

头架过渡食槽长度：$L_4=0.27$ 米

尾架尺寸：$L_5=0.50$ 米

尾架过渡食槽长度：$L_6=0.195$ 米

尾部使用操作长度：$L_7=1.2$ 米

因此，鸡舍净长度：$L_{净}=L_{笼}+L_1+L_2+L_3+L_4+L_5+L_6+L_7=64.418+3.6+1.5+1.01+0.27+0.50+0.195+1.2\approx72.7$（米）

取外墙为 360 毫米，则鸡舍长度（轴跨尺寸）

$$L=L_{净}+0.24=72.7+0.24=72.94\text{（米）}$$

按建筑模数调整取 75.6 米，这样可以加大 L_2 和 L_7 的值。

根据以上分析，鸡舍长度取 75.6 米，跨度取 9.0 米。

（2）机械设备效率　国产链式喂料机喂料线往返长度最大可

达 300 米，即鸡舍最长可为 150 米。但是，送料距离长，容易引起前后采食不均，同时一些机械设备如食槽、水槽、鸡笼架等安装技术要求高、难度大；如鸡舍长度过短，机械设备效率低。

鸡舍一般采用单层砖混结构，条形基础，过长容易引起不均匀沉陷，在寒冷地区由于温度应力影响，鸡舍长度超过 60 米需设变形缝，增加土建造价。根据中国的情况，鸡舍长度 50～100 米较为适宜。

3. 鸡舍高度 是指舍内地平面（标高±0.000）到屋顶承重结构下表面的距离。高度的大小不仅影响土建投资，而且影响舍内小气候调节（图 1-25）。

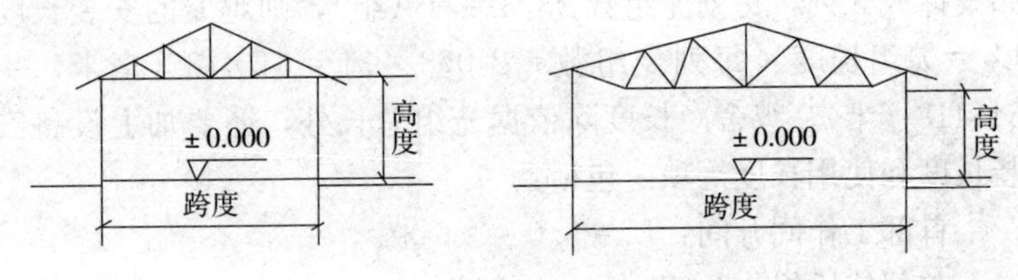

图 1-25 鸡舍高度示意图

鸡舍剖面高跨比一般取 1∶4～1∶5，自然通风鸡舍高度要大一些，机械通风鸡舍高度可小些。

（1）平养鸡舍剖面尺寸的确定 地面平养鸡舍的高度，以不影响饲养管理人员的通行为准，保证管理人员操作行动方便，同时要考虑鸡舍的通风方式和保温要求。一般开敞式鸡舍 2.4～2.8 米，密闭式鸡舍 1.9～2.4 米。

网上平养鸡舍网上高度考虑的因素同地面平养鸡舍。网下高度取决于两个条件：一是风机洞的高度，二是积粪高度。根据实测，从育雏到育成共 140 日龄，网下平均积粪厚度只有 68 毫米，最高厚度为 160 毫米，设计时，取积粪厚度为 200 毫米。风机洞高度一般为 300～400 毫米，为了使鸡粪表面蒸发出的水气和硫化氢能够顺利地排出鸡舍，网和鸡粪仓之间需有一定空间，使其形成排风道，故网下总的高度一般取 700～800 毫米。网上平养鸡舍总高度建议：开敞式鸡舍高度为 3.1～3.5 米，密闭式鸡舍高度为 2.6～3.2 米。

（2）笼养鸡舍剖面尺寸的确定　笼养鸡舍剖面尺寸主要取决于下列 3 个因素。

1）设备高度　设备高度主要取决于鸡笼架高度、喂料器类型和拣蛋方式。以三阶梯鸡笼定型产品为例，采用链式喂料器，由于拣蛋方式不同，则分为低架（人工拣蛋）笼架，高1 615毫米和高架（机械集蛋）笼架，高1 815毫米。

2）清粪方式　清粪方式有高床、中床和低床之分（图 1-26）。低床机械清粪牵引式粪仓深 0.2～0.35 米，自走式粪仓深 0.5～0.7 米。高床饲养时，一个周期清粪一次，考虑清粪时操作方

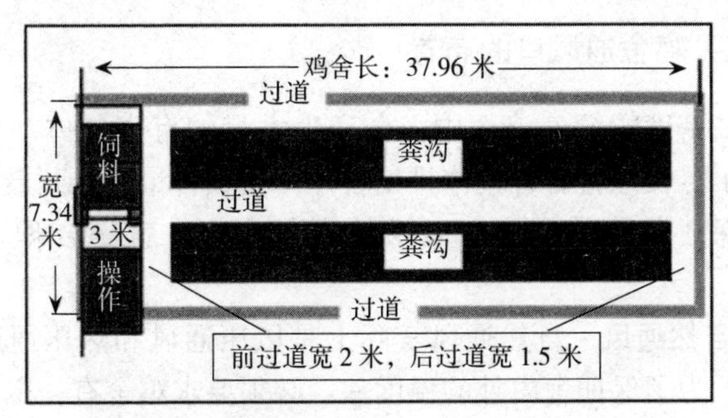

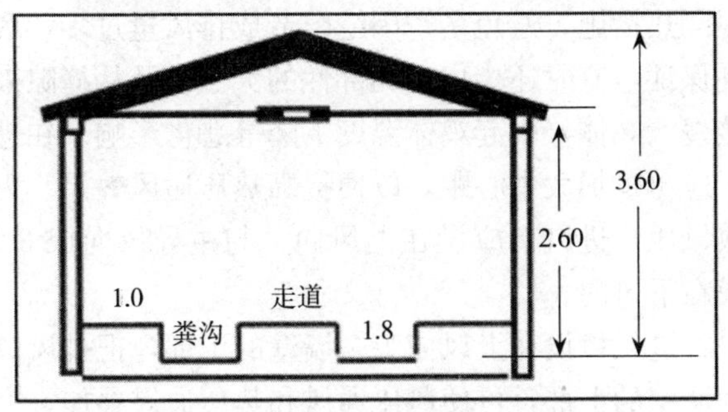

图 1-26　二列式笼养鸡舍剖面尺寸

便，粪仓深取 1.6～1.8 米。这样，鸡舍的总高度增大到 5 米左右，致使造价大为提高（约比低床式土建造价高出 1/3），而且随着外墙面积的增大，势必造成冬季舍温损失过多，夏季太阳辐射热也会增大。为了发挥高床鸡舍平时不清粪的优点，同时又能降低土建造价，改善鸡舍的环境条件，近几年来，在鸡舍设计上作了改进，利用鸡笼架的三角形空间，将高床式改成中床式，高度 1.2 米。有学者建议将粪仓一部分落入地下，形成半高床半坑式，同样可以达到上述目的。

3）环境要求　鸡舍内上层笼顶面之上要有一定的空间要求，有利于通风换气。现在一般的取值为：如无吊顶可利用舍内三角形空间，则上层笼顶面到屋顶结构下表面距离不小于 0.4 米；如有吊顶，则上层笼顶面到吊顶之距离不小于 0.8 米。

（三）鸡舍通风口的布置

在高密度的饲养鸡舍中，会产生大量的有害气体和粉尘微粒，为了尽快地将有害气体排出舍外，使其含量降低到最低限量以下，保证鸡体的健康，以维持高效生产，就得合理地组织通风。

1. **自然通风**　自然通风实际上是风压通风和热压通风同时进行的。为了保证舍内外的温度差，必须要求鸡舍有一定的密闭性和保温隔热措施，避免冬季因缝隙造成排风量过多，舍内温度难以得到保证，有时还会出现局部性的大温差及从缝隙来的“贼风”直接侵入鸡体，引起鸡体温度下降等恶劣影响。在进排风口布置上，应尽量加大中心距，以便提高热压通风效果。为使鸡舍两侧形成风压，进风口应设在上风向，与主导风向成 30°～60°，排风口设在下风向。

如果将进风口设在上风向鸡舍墙壁的下部，把排风口设在下风向鸡舍墙壁的上部，可使风压通风和热压通风叠加。

根据自然通风的研究资料表明，进排风口面积相等时，面积越大，则进风量越大，通风效果好。因此，在南方炎热地区，为满足鸡舍的夏季通风，将进、排风口的面积设计成相等的。而在冬冷夏热地区，考虑冬季要防寒保暖，将位于背风面的排风口面积设计得小一点，但不宜小于进风口面积的一半，此时进风量只减少 1/3。

为使鸡舍内的气流比较均匀，在布置通风口时，应尽量减小窗间墙宽度（保证结构安全的条件下），一般最好不要大于 1 米。这样可缩小窗间墙后的漩涡区，改善通风效果。

通风口的位置要求自然气流通过鸡只的饲养面，有利于降低舍温和鸡只的体感温度。平养鸡舍建议进风口下标高应与网面相平或略高于网面，笼养鸡舍进风口的下标高 0.3～0.5 米，上标高最好高出笼架。

自然通风有窗鸡舍，其窗扇的开启方式对通风效果有一定影响。常见的窗扇形式有中悬窗（分内翻和外翻）（图 1-27）、平推窗和立旋窗。中悬内翻窗通过窗扇可将舍外自然气流导向饲养区，有利于降低鸡只的体感温度，但雨水易进入舍内，需设挡雨措施。中悬外翻窗能将气流导向鸡舍上方，对排除舍内污秽气体有利。立旋窗在国内大多数养鸡场已很少见，在规模化养鸡场多采用塑钢平推窗，其具有良好的保温隔热性能和耐用性，但成本偏高。

图 1-27　外翻中悬窗

自然通风面积大，通风效果好，但随之而来的是进入鸡舍太阳辐射热量也有所增加，舍内光照太强，会使鸡只产生恶癖。为了满足通风，又要兼顾冬季鸡舍保暖和减小光照强度，可以设计一些百叶窗，在玻璃窗扇上涂颜色或加设一些遮阳措施。

2. **机械通风** 鸡舍机械通风设计既要注重节能，也要关注风机噪声的干扰，但更重要的是要保持鸡舍内通风均匀、风量适中。因此，畜禽舍风机的设计多采用纵向通风方式，且为多风机组。一般将风机分成4个控制组，可同时运转，也可分别运行，然后再根据鸡群在不同季节通风量要求决定运行组数和时间。机械通风气流组织效果主要决定进风口的形状和布置。为使舍内气流分布均匀，不出现较大的死区，应尽量将进风口沿鸡舍全长布置得匀称，其形状以扁长为最佳。

鸡舍抽气式（负压）通风的布置形式有下列几种，剖面设计时可根据具体要求而选用。

小型鸡舍可采用单侧抽风法，通风机安装在鸡舍一侧下端，进风口设置在对面墙檐下，通风气流斜穿整个鸡舍饲养面，通风效果比较好。同时单侧安装风机，减少一道电路，便于维修、降低成本（图1-28、图1-29）。

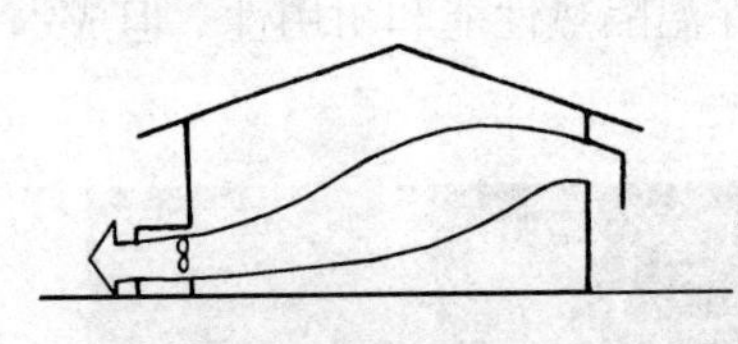

图1-28　鸡舍单侧抽风气流

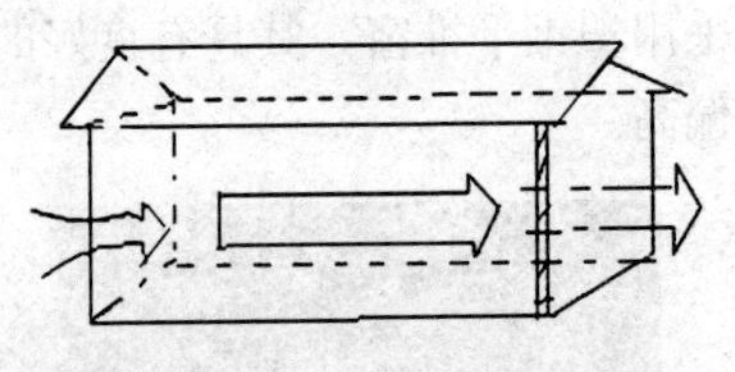

图1-29　鸡舍单侧抽风气流

跨度较大的鸡舍，如跨度大于12米以上时，采用双侧抽风法最佳。双侧抽风的风机均匀分布在鸡舍纵墙两侧，进风口用屋顶通风管作为进风口，这样除避免气流短路外，还能使气流的流线比较平缓地通过整个饲养区。气流经过通风管和屋架下三角形空间有一定的预热作用，降低对鸡群的冷刺激（图1-30）。

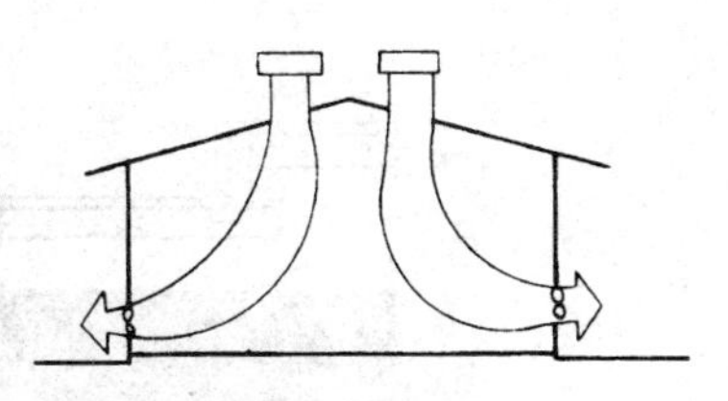
图 1-30　鸡舍双侧抽风气流

机械通风鸡舍群的布置，应考虑场区通风排污效果，避免场区气流组织混乱，防止从一幢鸡舍排出的有害气体又被抽进另一幢鸡舍。因此，在鸡舍排列时，应将相邻鸡舍的进风口或排风口相对布置，形成送风和排风比较分明的两股气流通道。

值得注意的是，国内养鸡场现多采用在鸡舍山墙上安放大流量、低转速的风机，以实现鸡舍纵向通风，在夏季高温期可与湿帘配套使用，用于降温。

五、鸡舍其他构造

（一）粪槽

鸡舍内一般设有纵向粪槽，平时鸡粪直接从鸡笼内落入粪槽，再由刮粪机械将鸡粪刮到一端。由于刮粪机械不同，粪槽的宽度、深度及其构造做法也有差异。

1. 牵引式刮粪机粪槽　牵引式刮粪机粪槽深 200～350 毫米，可做成混凝土浅槽，或者在混凝土地面上两侧面用砖砌成槽壁，再用水泥砂浆抹面（图 1-31）。此粪槽剖面形状简单，用材经济、施工方便。需满足一定的清粪频率，否则容易损坏牵引线或电机。

2. 自走式刮粪机粪槽　自走式刮粪机粪槽深 500～700 毫米，一般采用混凝土底板，两侧用砖砌筑槽壁，槽两侧需设导轨（图 1-32）。为不使鸡粪落到导轨上和安装鸡笼及设置刮粪机电缆线的需要，走道边需设悬挑板，故粪槽两侧是双层地面，粪槽断面形状复杂、施工麻烦、耗料多、比牵引式粪槽多耗水泥 30%。国内这种设计目前应用的较少，主要因其成本

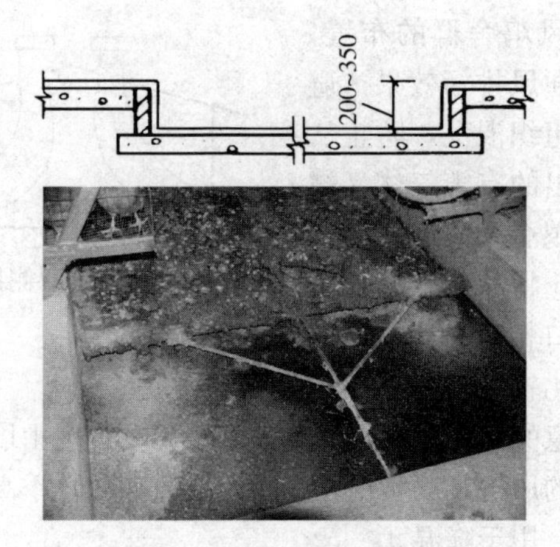

图 1-31　牵引式刮粪机粪槽

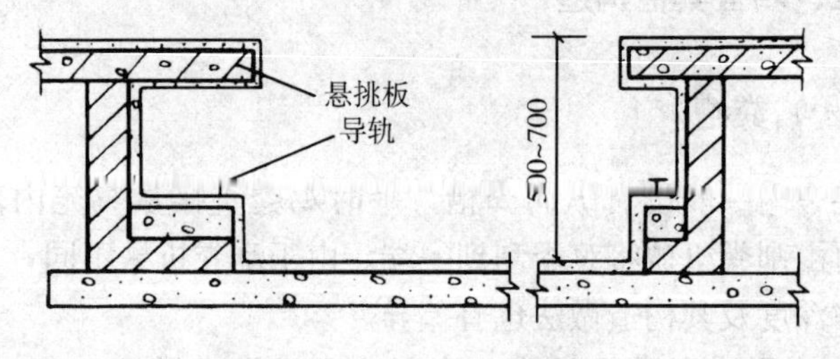

图 1-32　自走式刮粪机粪槽

较高。

为了便于刮粪和冲洗，纵向粪槽底面应设计成 1%～2%的纵坡。纵向粪槽和室外粪池有两种连接方式：一种是纵向粪槽直接通到室外粪池，穿过山墙需设过梁，纵向粪槽端部要加设盖板，便于人员通行。这种粪槽的布置，冬季寒风易灌入鸡舍内。为避免上述缺点，另一种布置是在纵向粪槽尽端设置横向粪沟，通过纵墙排入舍外粪池，但需要加横向刮粪机械，横向沟底标高应低于纵向沟底标高，以保证粪水不会倒灌。鸡舍外要设置足够容量的粪池。为了环境卫生，粪池上最好加盖封闭，但又要考虑出粪方便（图 1-33）。

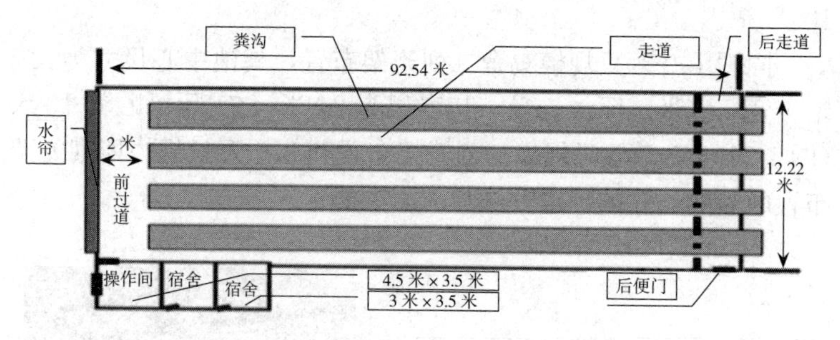

图 1-33　鸡舍粪槽布置

（二）粪池

1. 粪池容量的确定　据资料统计，一只产蛋鸡每天排粪 110～120 克，含水率 75%～85%，若取 120 克/只·天，再考虑鸡饮水损失及饮水器滴漏，则以 2 倍的产蛋鸡排粪量，即 240 克/只·天来设计粪池较为合理。鸡每天排湿粪 240 克，其中干粪仅 7.5%～12.5%，而水量占 210～222 克。故在计算中，鸡粪的体积可近似简化按水的体积计算，这样每只鸡每日排粪量约为 2.4×10^{-4} 米^3。1.0 万只规模的蛋鸡舍，每天排粪量约 2.4 米^3。如果考虑 7 天的贮粪量，相应规模的粪池容积 16.8 米^3。

2. 粪池尺寸和构造　粪池应根据位置和出粪方法来确定其尺寸。

粪槽尽端设纵向粪池，其宽度 $B\geqslant n$ 粪槽宽＋（n～1）走道宽，n 为粪槽数。例如，鸡舍布置二列笼架，粪槽宽度取 1.8 米，中走道宽为 1.0 米，则粪池宽度 $B\geqslant2\times1.8+1.0$ 米，即 $B\geqslant4.6$ 米，取粪池宽为 5.5 米，粪池深为 1.5 米，则 0.5 万只规模鸡舍粪池长 L＝粪池容量/粪池宽×粪池长＝$8.4/5.5\times1.5=1.0$ 米，若 L 取 1.5 米，0.5 万只规模的粪池中心尺寸为：长

1.5米、宽5.5米、深1.5米，其容积为12米^3，实际可贮粪10天。

同理1.0万只规模鸡舍二列笼架布置，粪池中心尺寸为长3米、宽5.5米、深1.5米，其容积为24米^3，实际可贮粪10天（图1-34）。1.5万只规模三列笼架布置和2.0万只规模四列笼架布置的粪池尺寸的确定方法与前面类似。

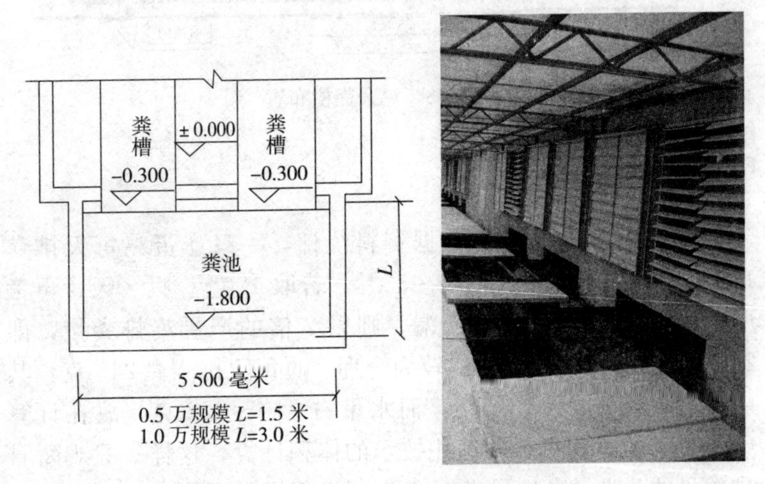

图1-34　粪池尺寸

第四节　养鸡舍主要设备

随着材料学、建筑学及机械成套设备自动化的发展应用，我国的养鸡场在建筑、通风、降温、加温及其自动控制、废弃物处理与利用等环境工程技术及配套设备方面逐步推广与应用，推动了我国现代化、规模化与集约化养鸡业的不断发展。

机械化养鸡场具备的优点主要体现在以下几点：

①可以大批量、高密度、规模化养殖；

②能够大幅度提高劳动生产率，节省劳动力成本支出；

③大量节约土地；

④生产速度快；

⑤节省饲料，同时改善了家禽饲养环境条件，降低人为因素的影响；

⑥便于管理，有利于防疫；

⑦能获得良好的经济效益。

一、笼具与平养设施

（一）鸡笼种类和组合形式

按鸡笼的用途分为育雏笼、育成笼、肉鸡笼、蛋鸡笼和种鸡笼；按鸡笼的装配形式分为全阶梯式、半阶梯式、阶叠式、叠层式和平置式鸡笼。

1. **鸡笼种类** 育雏鸡笼用于饲养1～45日龄的蛋用雏鸡，也可饲养1～30日龄的肉用仔鸡。小鸡出壳后需要较高的环境温度，因此大多数育雏笼都配备了局部加温装置。育成鸡笼用于饲养育成蛋鸡，一般采用大笼群养。产蛋鸡笼用于饲养商品代产蛋母鸡，其笼底做成斜坡形，使鸡蛋能自动滚出来。肉鸡笼是饲养肉用仔鸡的设备，其底网采用特殊的材料和结构制成，以降低笼养肉鸡胸部囊肿的发病率，防止龙骨歪曲及断腿。种鸡笼有群体笼和单体笼两种。采用自然交配方法的使用群体笼，采用人工授精方法的使用单体笼。

（1）育雏笼

1）带加热装置的育雏笼 加热笼内有加热装置，承粪盘、照明灯，温度由控温器控制（图1-35）。目前这种育雏笼尚有待进一步改进（电加热部分尚待完善），应用受到一定限制。

2）不带加热装置的育雏笼 育雏温度由育雏舍内的热源如

1

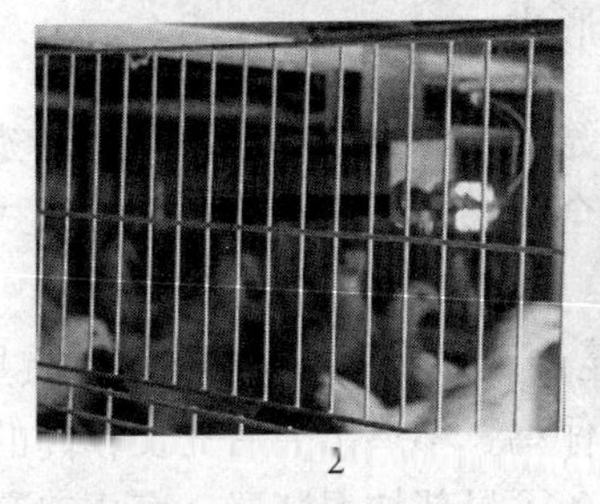

2

3

图 1-35　带电热器育雏笼

1. 育雏笼体　2. 电加热管　3. 温度控制仪

热风炉或电加热板提供。这种育雏笼多组使用时，可满足较大量的育雏工作（图 1-36）。

（2）肉鸡笼　肉鸡生长发育快，饲养周期短。20 世纪 70 年代初，肉鸡笼养设备在生产上开始应用。发展至今，肉鸡笼养数占肉鸡饲养总量比例最高，其比例为 30%左右，随着技术与材料的发展，国内的肉鸡笼生产企业也生产出自动化集成较高的肉鸡笼，国内生产的肉鸡笼网片结构与参数大致与育成鸡笼相近（图 1-37）。

自动商品肉鸡笼具有以下特点：①主要由快装插接笼具、行车喂料系统、自动乳头饮水系统、PP 板层叠清粪系统、输送带

图 1-36　不带加热的育雏笼及辅助加热器

图 1-37　自动商品肉鸡笼

集蛋系统、通风降温系统和电脑控制系统组成；②采用优质碳素结构钢材及热浸锌工艺制作，具有经久耐用、现代化程度高、减小建筑面积及成本、降低员工投入和强度、饲养环境得到改善的优点；③自动出鸡。

肉鸡笼普遍采用群体饲养，每笼饲养10～20只甚至60只以上，饲养周期一般为42～56日龄，出售时每只鸡活重1.5～2.5千克，为了防止鸡胸囊肿病及腿病，通常在钢丝底网上加铺有孔的塑料垫片。

（3）蛋鸡笼　蛋鸡笼的排列由许多单体小笼组成。蛋鸡单体笼的尺寸一般前高为44～44.5厘米（浅型笼深31～35厘米），伸出笼外的集蛋槽为12～16厘米。笼宽以采食位置而定，每只鸡采食位置为10～11厘米。如每笼养2只鸡，笼宽为25厘米；每笼养3只鸡，笼宽为30厘米；每笼养4～5只鸡，笼宽为42～45厘米。

单体笼的制造和安装有两种形式，即整体式和装配式。整体式笼是几个单体笼组成一个整体，整体式的特点是安装方便，但耗材料多，搬运困难并易变形。装配式笼是采用整体笼架，其笼门、后网、侧网和网底分别制成单块，各扇笼网均附有挂钩，当整体鸡笼装好后，把各扇笼网挂上即成。其特点是安装整齐，更换维修方便。从实用角度出发，装配式笼应用较为方便，这也是国内大多数蛋鸡养殖场所采用的。

（4）种鸡笼　单体笼为生产上用得较多的种鸡笼，可将公鸡和母鸡分笼饲养于同一栋鸡舍内，主要采用人工授精的方式。单体笼减少了攻击间相互打斗伤害，同时，单笼饲养更便于公鸡的饲养管理。

种鸡笼养与平养相比，其特点包括：①提高了饲养密度；②脏蛋、次品蛋减少，提高了种蛋合格率；③人工授精容易伤害母鸡，并增加了饲养员的劳动强度；④便于机械化生产，提高了劳动生产率。

2. 鸡笼组合形式

（1）全阶梯蛋鸡笼　我国从农户散养向集约化养鸡场过渡，最先推广的鸡笼，就是全阶梯三层蛋鸡笼，而且一直应用至今，仍被广大养鸡户所接受。无疑全阶梯笼养工艺比散养工艺前进了一大步，提高了饲养密度，改善了鸡舍环境，增加了养鸡业的经济效益。

蛋鸡全阶梯鸡笼和笼架的基本形式如图 1-38 所示。上下笼体互相错开，基本上没有重叠或稍有重叠，重叠的尺寸不超过护蛋板的高度。舍饲密度较低，但鸡笼各部位的通风采光均匀，适用于各种形式的鸡舍。全阶梯式鸡笼的配套设备，喂料多用轨道车式定量喂料机，饮水多采用乳头式饮水器。在鸡笼下面应设粪沟，用刮板式清粪器清粪。蛋鸡全阶梯三层笼养的饲养密度一般是 17 只/米^2。四层半阶梯式鸡笼的饲养密度较全阶梯三层笼更大。

图 1-38　蛋鸡全阶梯鸡笼和笼架

（2）半阶梯式鸡笼　半阶梯鸡笼提高了饲养密度，但依旧采用刮粪板的方式清粪。上、下笼体有部分重叠，重叠上置挡粪板使鸡粪能直接落入粪沟。育成笼和种鸡笼多用这种形式，蛋鸡饲养也有使用。半阶梯式鸡笼占地面积小，舍饲密度大，适用于密闭式鸡舍，国外的蛋鸡笼、育成笼、种鸡笼多用这种形式。半阶梯式鸡笼的配套设备与全阶梯式相同。挡粪板上的鸡粪使用两翼伸出的刮板清除，刮板与粪沟内的刮板式清粪器相连，我国生产的半阶梯式鸡笼一般采用人工清除挡粪板上的鸡粪。

采用半阶梯四层鸡笼可进一步提高饲养密度，但随着层数增多，笼子的高度增加，一般要采用机械给料。半阶梯式鸡笼的应用不及全阶梯式鸡笼高。

（3）层叠式鸡笼 半阶梯式鸡笼进一步的发展，就形成了层叠式鸡笼（图1-39）。

图 1-39 层叠式蛋鸡笼

上、下层笼体全部重叠，舍饲密度最高。层数越多，舍饲密度也越高。欧洲国家发展高密度饲养，采用叠层式的较多。我国目前生产的叠层式鸡笼，多用育雏鸡笼和专业户用的小型蛋鸡笼，一般为3～4层。喂料采用链式喂料机；饮水采用长槽式饮水器，层间可用刮板式清粪器或带式清粪器，将鸡粪送至每列鸡笼的一端。在饲养业较发达的国家，绝大多数集约化蛋鸡场都采用了4～8层的叠层式鸡笼，这是目前世界上最先进的鸡笼，不但把饲养密度提高到50只/米^{2}以上，而且研制成功了全部的配套设备，包括给料、给水、集蛋、清粪、通风、降温等全部实现了机械化、自动化，极大地改善了鸡舍的环境，保证鸡健康生长的一切必须条件，归纳起来其优点如下：①蛋鸡饲养密度由三层全阶梯的17只/米^2，提高到50只/米^{2}以上，可节约用地60%以上；成年鸡死淘率可降到15%以下（世界先进水平已控制在10%以下），入舍鸡产蛋量达到16千克/只·年以上（世界先进水平年笼位产蛋量达到17千克）；②全员人均饲养量提高到8 000～12 000只（世界先进水平达到30 000～40 000只/人）；③单鸡笼位总投资（含地费）比三层全阶梯鸡舍降低近30%，单位入舍鸡生产效益较传统鸡舍饲养提高1.5倍左右。

图1-40为叠层笼养的自动集蛋装置。

这种高饲养密度叠层式鸡笼每层均设置纵穿鸡笼横截面中央的通风道，通风道两侧有通风小孔，外界新鲜空气在（正压）通

图 1-40　叠层笼养的自动集蛋装置

风压力作用下，经过通风分配管网进入中央通风道，经由通风小孔流向每只鸡体附近，使每只鸡均可呼吸新鲜空气，见图 1-41。这种通风方式与鸡的体热循环相结合，特别有利于承粪带上鸡粪的风干，降低了鸡粪含水率及舍内氨气等有害气体的浓度。饮水系统普遍采用乳头式饮水器，不仅卫生清洁，而且不漏水，使鸡舍环境得到很大改善。喂料系统采用行车式或链式等喂料设备。

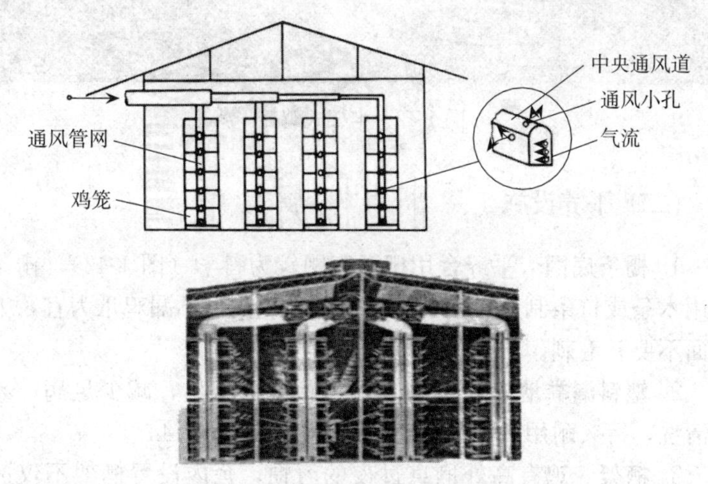

图 1-41　高密度笼养鸡舍管道通风示意

集蛋工作由能够在垂直方向和横纵方向输蛋，且有许多柔性环节（减少破蛋率）的集蛋系统来完成。清粪工作使用特殊材料承粪带（质量轻、寿命长），通过传动系统及辅助器件把各层半干状的鸡粪依次送出舍外。其他配套设备机械化、自动化程度均较高，全部养鸡生产都在机械化、自动化、智能化集于一体的系统中进行，生产效益较高。

（4）半架式鸡笼　如图 1-42 所示，以上各种组合形式的鸡笼也可做成半架式，也可做成二层、四层或多层。但如果不是机械化操作，层数过多，则操作很不方便，而且不便于观察鸡群。目前生产和应用较多的一般为二层和三层。

图 1-42　半架式鸡笼

（二）平养设施

1. 栅条底网　平养舍用栅条底网较为科学（图 1-43），栅条可用木条或竹条制成，栅条间距以能漏鸡粪但不漏鸡爪为宜，上表面不要有毛刺。

2. 塑料漏粪地板　塑料漏粪地板表面卫生，减少足病，易于清洗，持久耐用，国外种鸡场应用较多（图 1-44）。

3. 栖架　鸡有高处栖息过夜的习惯，舍内设置栖架不仅适

图 1-43　栅条底网

图 1-44　塑料漏粪地板

应鸡的天性，也使鸡与鸡粪分离，还可预防鸡病，防止鸡群拥挤压堆，利于鸡只生长，冬天可免受地面低温的影响。为了节省舍内空间，栖架也可以做成合页折叠式结构。

另外，肉仔鸡饲养中，常采用特制塑料底网来防止鸡只胸囊肿、软腿病及断翅的发生。

平网养鸡的底网也用塑料网，其具有抗腐、不易滋生细菌、清洗方便、鸡粪易掉下、鸡只舒适的优点。

二、喂料设备

目前，国内不少养鸡场都采用机械化喂料设备，喂料设备包括：食盘、料桶、喂料机（饲槽）、输料器、贮料塔等。具体结构见图 1-45。

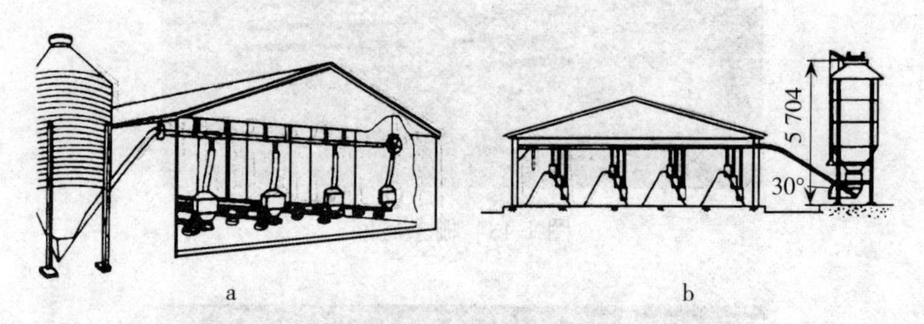

图 1-45　鸡舍喂料设备设置图（单位：毫米）
a. 用于平养　b. 用于笼养

（一）食盘

适用于雏鸡，一般有长方形和圆形两种，每个食盘可饲喂雏鸡 100 多只（图 1-46）。

图 1-46　食　盘

（二）料桶

适用于平养鸡，饲料加入料桶中，料桶与底盘之间有圆锥形突起，饲料由此突起分散流到料盘外周供鸡食用（1-47）。

图 1-47　料　桶

（三）喂料机

1. **链式喂料机**　链式喂料机结构简单、工作可靠、使用维修方便，是我国目前使用最广的一种喂料机。链式喂料机可以在平养中使用，也可以在笼养中使用。

（1）平养链式喂料机　平养用的链式喂料机，由长饲槽、料箱、链片、转角轮、清洁器、升降器和驱动器组成（图 1-48）。工作时，驱动器通过链轮带动链片，使它在长饲槽内循环回转。当链片通过饲料箱底部即将饲料带出，均匀地运送到长饲槽，并将多余饲料带回料箱。

1）料箱　呈矩形，一面倾斜，便于饲料下滑，可容纳 5 000 只成鸡一次的饲喂量。料箱中装有回料轮，由链片直接带动。喂料量由料箱出口处的插板调节。

2）长饲槽　每段长 2 米，由厚 1 毫米的镀锌钢板制成。两条长饲槽间用饲槽接头连接。

3）链片　是喂料机的关键易损件。用 20 号钢经热处理制成，其破断拉力应不小于 1 000 千克，在 600 千克拉力下的拉伸变形量不得大于 1 毫米，以保证链片的使用寿命。链片宽 70 毫

图 1-48　平养链式喂料机

米，厚 2.5 毫米，节距为 42 毫米。

4）清洁器　用来清除混入饲料中的鸡粪、鸡毛等杂物。它放置在喂料机的回料端，内有一个环形大孔筛，由链片带动做旋转运动。饲料穿过大孔筛时，杂物被筛出掉落地面，经过清理的饲料被送回料箱。

5）转角轮　用来支撑链片，并使链片能均匀地在水平面内转弯。链片与转角轮的接触压力很大，因此要求转角轮的表面硬度较高。轮上要安装轴承，以保证转动灵活。

链式喂料机工作时，链速不能太快。链速过高，链条容易上下跳动，一般选用 7～12 米/分。因此，采用普通电机时，必须配备减速器。为减小驱动器体积，选用少齿差减速器。驱动链轮上安装安全销，当链条卡死、发生故障时，安全销即被折断。如使用 7 米/分的链速，在 100 米长的鸡舍中，喂一次料约需 40 分钟。

平养用的喂料机，由于鸡的大小、品种不同，要求有不同的采食高度。为此，配有可调节的支架，以改变饲槽离地的高度；

也可使用钢丝绳，通过滑轮将喂料机吊挂在房梁上，这种形式要求房架有足够的强度和刚度，以承受喂料机的全部重量。

另一种带料盘的链式喂料机（图 1-49），它的不同之处在于：

①输料链在一个开缝方形料槽中运行；②用料盘取代食槽；③每次输料量较大；④料盘大，承料多，料盘间距大，便于鸡只穿过料线；⑤料盘上的分饲罩能起到公母分饲作用；盘上还设有调节料量，饲料流向及关闭下料等装置；⑥料槽上多加了落料孔，使上料更快。

图 1-49 带料盘的链式喂料机

（2）笼养链式喂料机 笼养用的链式喂料机在每层笼上安装一条喂食链，限于阶梯笼的空间位置，所用料箱较小，可人工直接将饲料倒入料箱，也可以通过输料机将贮料塔的饲料送往各层的小料箱。饲槽是直接安装在鸡笼前网上的，因此不必使用提升机构，鸡在笼内，鸡粪与鸡毛不会进入饲槽，因而也不必使用清洁器。

链式喂料机适用性广、饲槽容易清理、造价低、使用维修简便，但饲料容易被污染、转角轮内积存的饲料容易霉变、平养舍内的长饲槽会妨碍鸡的活动，也不便于打扫鸡舍。

2. 螺旋弹簧式喂料机 螺旋弹簧式喂料机是平养鸡舍使用的喂料装置，适于输送粉状配合饲料。它能作水平、垂直和倾斜输送，尺寸大的还可用作输料机。但工作时噪声较大。

螺旋弹簧喂料机由料箱、螺旋弹簧、输料管、盘筒式饲槽、带料位器的饲槽和传动装置等组成（图 1-50）。螺旋弹簧和盘筒式饲槽是其主要工作部件。螺旋弹簧是用矩形断面的弹簧钢卷绕成弹簧状，两端安装半轴，分别作为驱动轴和尾轴。螺旋弹簧外面套有输料管，输料管的上方安装防栖钢丝，其张紧度可用两端的螺栓调节。输料管下方，等距离地开设若干个落料口，落料口直接与盘筒式饲槽相连。输料管末端安装的最后一个饲槽是带料位器的（图 1-50）。其料位器采用簧管式，工作时可控制下落料量，以便进行限量饲喂。

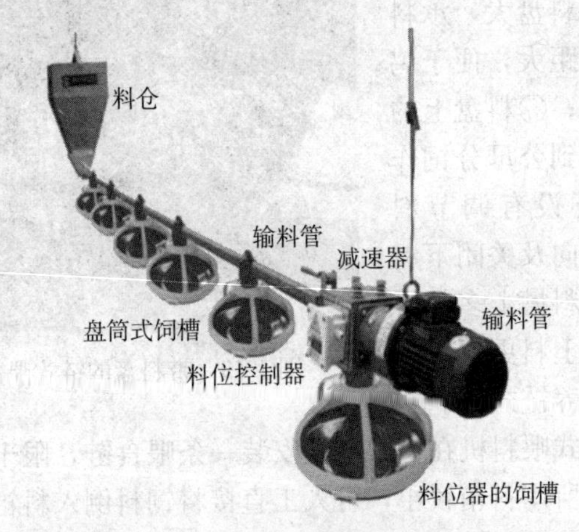

图 1-50　螺旋弹簧喂料机

3. **塞盘式喂料机**　塞盘式喂料机适用于输送粉状配合饲料。它结构简单，重量轻，牵引阻力小，运转噪声低，能进行水平、垂直和倾斜输送，可用于平养和笼养，在国外得到广泛应用。

我国生产的平养用塞盘式喂料机，由料箱、长饲槽（也可配用盘筒式饲槽）、索盘、转角轮、传动装置和升降器等组成。索盘由钢丝绳和塑料塞盘组成，是塞盘式喂料机的主要工作部件。工作时，驱动轮推动塞盘向前移动，将料箱中的饲料送往长饲槽，供鸡自由采食。

升降器与平养用的链式喂料机相同。传动装置由电动机、减速器驱动轮、张紧轮、导向轮等组成。张紧轮上方装有安全装置，当输送部件过松或断开时，行程开关就会切断电源，避免发生事故。索盘过松时，应及时用张紧轮张紧。

4. **轨道车式喂料机** 一般有3种基本形式：地面轨道车式、骑跨笼顶式、行车式。

（1）地面轨道式喂料机 主要应用于立体饲喂的笼养鸡舍。它是沿地面轨道往复行走的四轮车，由电机动力驱动，车行进过程中，车上螺旋推运器将饲料送到安装于栅壁上的长饲槽中，鸡将头伸出笼外就可采食，见图1-51。

图1-51 轨道式喂料机

（2）骑跨笼顶式喂料车 它也是一个四轮小车，骑跨在笼顶上，其驱动电机与饲料车有三种布置形式：①电机装在饲料车上，使用三相裸线电刷式供电；②电机装在饲料车上，使用长电缆来回折叠展开供电；③电机固定于轨道的一端铰车上，用钢丝绳牵引饲料车。

当小车沿着笼顶（叠层式或阶梯式鸡笼）轨道行走时，料箱中的饲料依靠重力或传送装置沿给料管滑落到饲槽，下料量由给料管与饲槽间隙大小来调节，也有的靠料箱中的槽轮强制排料进入饲槽来控制供料量，见图 1-52。料箱中的饲料由鸡舍一端的运饲器提供。

图 1-52 骑跨式笼顶轨道饲料车（集蛋机后）

（3）行车式喂料车 主要用于高床平置或笼养鸡舍，它沿安装于鸡舍横梁上的导轨行走，通过水平搅龙将饲料从各个出料口排入饲槽。料箱中的饲料由运饲器送入。

轨道车式喂料机在国内均有应用，但因结构复杂、成本高等因素应用不算太广。目前多被地面式轨道喂料机替代。

除以上 3 种轨道车式喂料机外，还有人力手推式或骑车式简易车式喂料机，刮板式喂料机等因其性能及结构方面欠完善，推广应用较少。

5. **饲槽** 喂料机常用饲槽有长饲槽、喂料盘和盘筒式饲槽等几种形式。

（1）长饲槽 长条形状，用塑料或镀锌铁皮制造，见图 1-53。

平养育成鸡和笼养鸡用长饲槽，可配套链式喂食机。雏鸡用长饲槽。成鸡用笼养饲槽。笼养饲槽半边高是防止鸡嘴采食时甩料，边缘卷弯为了提高其刚度，一般加料高度不要超过长食槽高度的 1/3。

a

b

c

d

图 1-53　长饲槽

平养可双边采食，笼养只能单边采食。

（2）喂料盘　这种料盘由内外两层结构组成，见图 1-54，通过调节外层分饲罩的位置，使食盘栅格大小发生变化，公鸡因鸡头尺寸较大而不能采食，实现公母分饲，这种食盘因内部有限料机构（如内置中空细瘦圆锥体等），具有限饲功能，为一个圆桶和一个直径比圆桶大的浅底盘串联而成，桶与底盘之间用短链相连，可以调节桶、盘之间距离。桶底正中央设有一个锥体物，饲料加入圆桶自上而下向底盘周围滑散，供鸡自由采食。料桶材料一般为塑料，适用于平养中鸡、大鸡。它的特点是一次可添加大量饲料，贮存于桶内，供鸡不停地采食。其装料量为 3～10 千克。容量大的料桶，可以减少喂料次数，减少对鸡群的干扰，但由于布料点少，会影响鸡群的均匀度；容量小的料桶，喂料次数和布点多，可刺激食欲，有利于鸡增加采食量和增重，但增加了饲养人员的工作量。

（3）盘筒式饲槽　适用于平养，可与螺旋弹簧式喂食机和塞盘式喂食机配套使用。饲料从螺旋弹簧式输料管的卡箍部位下落到锥形筒和锥形盘之间，然后下流到饲盘，调节螺钉通过改变筒、盘之间的间隙调节该饲槽的下料量。见图 1-49、图 1-50。

图 1-54　喂料盘

（四）储料塔与输料机

1. **储料塔**　主要用来储存干燥的粉状或颗粒状配合饲料，以供舍内喂饲用。一般每个鸡舍设一个储料塔，建在鸡舍的一端或一侧。

储料塔一般用镀锌铁皮制成，以圆形为多，下部呈圆锥形或锥形。塔顶开有装料口，最底部设有长方形出料槽，通过输料机把塔里的饲料运到舍内喂饲机的料箱中。

为了防止饲料在塔内架空起拱，一般在塔底装有振动器或在锥体部装有破拱装置。

2. **输料坑**　这是一种简易、造价便宜的输料设施，通常多与输料机配合使用，也可用于短时间的饲料储存。配备有网筛，用于防止杂物落入而破坏喂料机或输料机，见图 1-55。

3. **输料机**　输料机用来将储料塔内饲料输送给喂饲机。输料机分螺旋式和挠性螺旋丝式，见图 1-56。螺旋式输料机是由倾斜搅龙和水平搅龙组成。这种形式的搅龙叶片为整体式，生产率高，但是不能转动，必须由倾斜搅龙和水平搅龙两部分组成，并有两台电机和两套传动，结构复杂。挠性螺旋丝式输料机，由挠性弹簧钢丝构成，生产率稍低，但可以在转弯的管内输送饲

图 1-55　输料坑

料，故多点卸料时可免去一水平搅龙，简化了设备。螺旋转速一般为 250～400 转/分，当运送量为每小时 600 千克，运送距离为 25 米时所需功率为 0.56 千瓦。

图 1-56　自动喂料机料仓和输料机

三、饮水设备

鸡用饮水系统的基本功能是为鸡群提供清洁卫生、水压稳定、充裕足量的饮用水。一般饮水系统由阀门、过滤器、水箱（减压阀）、水压表、饮水器、水管及附件等组成。

平养鸡饮水系统见图1-57，笼养鸡饮水系统见图1-58。

图1-57 平养鸡饮水系统

图1-58 笼养鸡饮水系统

（一）过滤器

过滤器的功能是滤除水中杂质，提高水质并使减压阀和饮水器能够正常工作。过滤器的过滤效果直接影响到全部饮水系统的可靠性，如果有小颗粒状杂物进入乳头饮水器内，一旦停留在密封面处，则该乳头饮水器将失去密封性而漏水。故一定要选用优质的过滤装置，并经常维护保养过滤器。

自然水源水由进水口进入过滤器内部，当穿过无毒泡沫塑料滤芯时，污垢杂质被吸附、阻挡和过滤，而洁净水沿弹簧支撑的滤芯内部空腔向上流动，从出水口流出。放气阀可以排除系统中的空气，为保证过滤器工作可靠，应定期（2 个月）清洗或更换过滤器滤芯。

图 1-59 反冲水式净水过滤器

还有一种反冲水式净水过滤器，结构见图 1-59。利用反冲水来清洗过滤器，清洗一次只需几秒钟，从而节省了冲洗过滤器芯子的时间，也延长了过滤器芯子的使用寿命。该过滤器安装在压力调节器前面的墙壁上。

（二）减压装置

鸡场一般由水塔或自来水提供水源，水压为 4.9×10^4 ～ 39.2×10^4 帕，适用于水槽式饮水器，而其他大部分饮水器如乳头式饮水器等均需较低水压，并且压力应在一定范围内，这就需要在饮水系统中设置减压装置来实现降压和稳压的技术要求。通常用的减压装置有水箱和减压阀。

1. **水箱** 通过浮球阀实现水箱水位高度的恒定控制，即供水压力的恒值控制。水箱上盖起到防尘的作用，开盖后可以往水中投药。溢流孔防止浮球阀失效，以溢流方式保持恒定水压（图1-60）。

2. **减压阀** 由主通道、副通道、主阀、副阀及调节机构、

图 1-60　乳头减压水箱

机体等组成。当减压阀出口水压因鸡群饮水而下降时，调节机构把副通道阀门开启到一个新的开度，进水（压力为 P1）经过窄小的副通道到达出水口，使出水压力 P2 有所提高，随着副通道的畅通，调节机构加速打开，并增加阀门的开度使出水口水压 P2 迅速提高，直到达到规定水压值。此时主、副阀处在一个动态稳定开度，若 P2 再有波动，调节机构则进行下一轮调节，使其再回到稳定状态，实现了减压和稳压的功能。减压阀见图 1-61。

图 1-61　减压阀

（三）饮水器

饮水系统常用的饮水器有吊塔式、乳头式、杯式等。

1. 吊塔式饮水器 也称为普拉松饮水器，结构见图 1-62。当饮水盘内无水时，该饮水器重量变轻，弹簧克服饮水盘重量使控制杆向上运动，将出水阀打开，水顺饮水盘（中空结构）表面流入环形槽，随着环形槽水量增多，弹簧变形也在不断变长，控制杆向下运动，关闭出水阀，停止流水。当饮水盘水面被鸡饮用重量减轻时，在弹簧恢复力作用下使控制杆重新打开出水阀再次出水，如此反复一直保持着饮水盘中设定的储水量。这种饮水器用于平养雏鸡、成鸡。使用时吊绳要使饮水盘与雏鸡的背部或成鸡的眼睛平齐。

图 1-62 吊塔式饮水器

2. 乳头式饮水器 在我国机械行业标准 JB/T7720-95 中，对鸡用乳头式饮水器的形式的规定见图 1-63，对饮水器基本参数的规定见表 1-11，在该标准中，对饮水器的技术要求、试验方法、试验报告、检验规则等项内容都有明确规定。

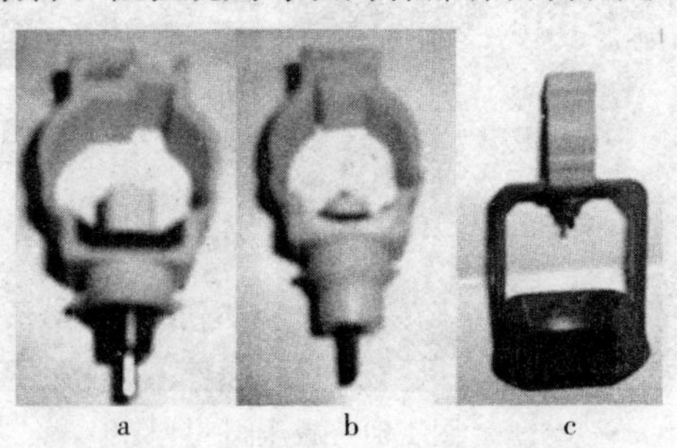

a b c

图 1-63 鸡用乳头式饮水器的形式

表 1-11　饮水器基本参数

适用水压（千帕）	流量（毫升/分）	开阀力（牛顿）
2～6	17～160	$70\times10^{-3}\sim185\times10^{-1}$

饮水器的工作原理是当鸡啄阀杆时，阀杆作上下移动，使阀杆与阀套间出现间隙，水顺阀杆流下，在阀杆下端出现 1 滴水供鸡饮用，鸡停啄阀杆，则阀杆靠自重下落，阀杆与阀套间隙消除，停止供水。鸡啄阀杆所需的力称开阀力。从鸡用乳头式饮水器的 3 种结构形式可以看出，形式 b 是靠弹簧的弹力使位于阀杆与下套的 O 形密封圈变形，以达到密封的目的。这种平面密封型的密封效果与弹簧力的大小有直接关系，若想使饮水器供水，必须克服弹簧力，这个力一般都大于部颁标准中的开阀力，故这种结构形式的饮水器对雏鸡不适用。而且密封圈与弹簧都是易损件，其工作寿命往往达不到 100 万次的耐久性要求。目前世界上各养禽先进国家多不用靠弹簧力密封的乳头式饮水器。

乳头饮水器及封闭饮水系统具有以下优点：

（1）保证鸡饮用清洁水，从而防止鸡病通过饮水系统的传播，提高了鸡的健康水平和生产性能，降低了生产成本；

（2）封闭饮水系统极少漏水，改善了鸡舍的小环境，也利于鸡健康成长；

（3）极大地节约了用水，并减少了饲料浪费，直接降低了饲养成本；

（4）减轻了饲养员的劳动强度。

出现以上优点的前提是必须保证乳头饮水器具有良好的密封性，不漏水。我国饮水器生产企业经过十几年的努力，已达到 JB/T7720-95 中对饮水器基本参数的规定，并已具有一定的生产规模，但由于基础工业与材料方面等诸多因素的影响，有时产品的质量不够稳定，相信这一问题必能在短时间内得以解决。

3. **杯式饮水器** 这种饮水器安装在供水管上，杯舌通过销轴安装在杯体内。一般情况下，供水管内的水压使密封帽紧贴锥形阀座，阻止水流进入杯内。当鸡喝水时，压下杯舌，使之绕销轴转动并推动顶杆，使密封帽离开阀座，水便流入杯内。当鸡嘴离开杯舌时，比重小于水的塑料杯舌在水浮力作用下上浮，并向前拉动顶杆，而水压又推动密封帽向前移动，结果阀门重新被关闭，供水管中的水停止流向杯内。

这种饮水器供水可靠，不易漏水，耗水量小，但杯体清洗麻烦，限制了它的广泛使用。

四、供暖设备

在北方寒冷季节，鸡只散发的体热一般不足以维持合适的舍内温度，需要进行采暖。

（一）热风炉式供暖通风设备

热风炉有立式和卧式两种形式，立式热风炉系统包括热风炉、通风机和有孔风管，见图 1-64。当燃煤点燃后，火焰使炉心及炉膛处于红热状态，低温空气经热风炉下半部的预热区充分预热后进入离心风机，再由离心风机以 4 500～7 000 米^3/小时的风量鼓入炉心高温区，在炉心循环时气温迅速升高，然后由出风口进入鸡舍，热空气与舍内空气混合后，使舍温迅速提高，并保证了空气的新鲜清洁。

使用时可采用：①单纯加热方式（只用舍内空气循环加热升温）；②不降低舍温的通风换气（舍外冷空气加热后通入舍内）；③单纯通风（夏季不生火，作为一般通风机使用）。

卧式热风炉系统和立式热风炉系统供暖原理基本相同，结构不同，热风炉近年来在育雏、肉仔鸡和种鸡饲养中得到了普遍应用，从而提高了育雏成活率和种鸡的生产性能。目前广泛应用的热风炉，在使用中发现有以下问题需要改进：①供热量达不到名

图 1-64　热风炉

牌中标定的供热量。②热风炉的使用寿命较短。③换热效率偏低，在 1993 年发布的机械行业标准 JB/T 6672-93 中规定输出热风温度≤150℃时其换热效率应≥68%，很多热风炉的热效率都低于 68%。④所供热风中灰尘较多，不够洁净。

针对以上问题，许多生产热风炉的工厂进行了大量的工作，眼下这些问题已基本解决。

近几年市场上又出现了燃油式热风炉，它自动化程度较高，使用环境好，但运行成本较高，因而限制了它的推广。

（二）暖风机通风设备

它由散热器、通风机等组成，见图 1-65，空气加热器为一排外有散热片的管子，锅炉供应的蒸汽或热水在管内流动。通风机把空气吹过空气加热器，空气被加热，然后进入家禽舍。

这种供暖通风机常装在家禽舍的进风口上。有些系统采用集中加热器，并配有若干离心风机和暖风管网，把暖风分配至全舍。

图 1-65　蒸汽加热式暖风机

（三）电加热暖风加热器

该加热器主要由电加热管、风机组成。这种设备主要用于育雏室，具有移动灵活、供热效率高的特点，见图 1-66。

图 1-66　电加热暖风加热器

（四）煤炉或木屑加热炉

这种加热系统最简单，成本也最低，主要由简易炉体、热气管道组成，见图 1-67。但在使用中应注意监控一氧化碳、二氧化碳等有害气体的浓度，防止鸡只中毒。

图 1-67　煤炉或木屑加热炉

（五）电加热伞

电加热伞也称保温伞，由反热伞面和电加热管组成，见图 1-68。主要用于地面平养鸡的育雏，使用中应注意调节其高度，防止局部温度过高，对雏鸡造成伤害。

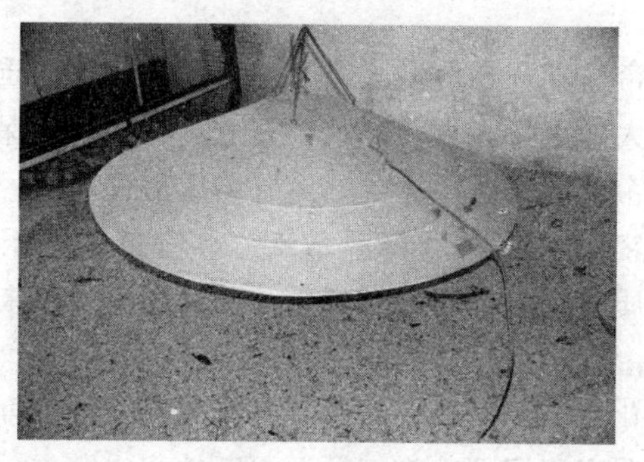

图 1-68　电加热伞

五、降温设备

盛夏季节，只靠通风换气不能维持舍内的适宜温度，连续高温将会严重影响禽的健康和生产能力。一般来说，气温在 29℃

以上，鸡的产蛋就基本停止，气温在32℃以上，鸡有中暑危险。这时必须及时采取防热降温措施。禽舍降温设备主要是对舍内空气进行冷却处理，以达到降温的目的。常用降温设备有湿帘和喷雾降温设备。

（一）湿帘

又名水帘，呈蜂窝结构，由原纸加工生产而成。其生产流程大致为上浆、烘干、压制瓦楞、定型、上胶、固化、切片、修磨、去味等。

在国内，通常有波高5毫米、7毫米和9毫米3种，波纹为60°×30°交错对置、45°×45°交错对置。

优质湿帘采用新一代高分子材料与空间交联技术而成，具有高吸水、高耐水、抗霉变、使用寿命长等优点。而且蒸发表面积大，降温效率达80%以上，不含表面活性剂，自然吸水，扩散速度快，效能持久。一滴水4～5秒钟即可扩散完毕。国际同行业标准自然吸水为12～14毫米/分钟或133.3毫米/小时。

优质湿帘还不含易使皮肤过敏的苯酚等化学物质，安装使用时对畜禽与人体无毒无害，绿色、安全、节能、环保、经济。湿帘是各种湿帘降温设备所需要的重要组成部件。

1. “湿帘-负压风机”降温系统 “湿帘-负压风机”降温系统是由纸质多孔湿帘、水循环系统、风扇组成。未饱和的空气流经多孔、湿润的湿帘表面时，大量水分蒸发，空气中由温度体现的显热转化为蒸发潜热，从而降低空气自身的温度。风扇抽风时，将经过湿帘降温的冷空气源源不断地引入室内，从而达到降温的效果，见图1-69。

2. 湿帘冷风机 湿帘冷风机降温是用循环水泵不间断地把接水盘内的水抽出，并通过布水系统均匀地喷淋在蒸发过滤层上，使室外热空气通过蒸发换热器（蒸发湿帘）与水分进行热量

图 1-69　湿帘降温系统

交换，通过水蒸发而达到降温、清凉，洁净的空气则由低噪声风机加压送入室内，以此达到降温效果。

在禽养殖中湿帘的性能特点具有以下优势：①高度吸水性；②蒸发降温效率强；③强度高、不变形；④适合正、负压装置；⑤持久耐用；⑥节能、环保；⑦容易安装。

（二）喷雾降温设备

喷雾降温的原理在于当空气与呈雾状的细小水滴接触时，水滴吸收空气的显热发生蒸发，吸收大量的汽化潜热，使空气得到降温。

自动喷雾降温设备由过滤器、水箱、水泵、喷管、喷嘴及自动控制器组成，见图 1-70。可安装三列并联 150 米长的喷管。自来水经过滤器流入水箱，水位由浮球阀控制，水经水泵加压后进入安装在舍内喷管上的喷嘴，形成细雾喷出，雾点在沉降中吸热汽化。舍内的气温越高，相对湿度越低时，雾粒的汽化速度就越快，温度下降的速度也越大。但喷雾能使空气湿度提高，故在湿热天气不宜使用。

当鸡舍温度高于 32℃时，温度传感器将信号传给控制装置，自动接通水泵电路，开始喷雾，约喷 2 分钟后，间歇 15～20 分

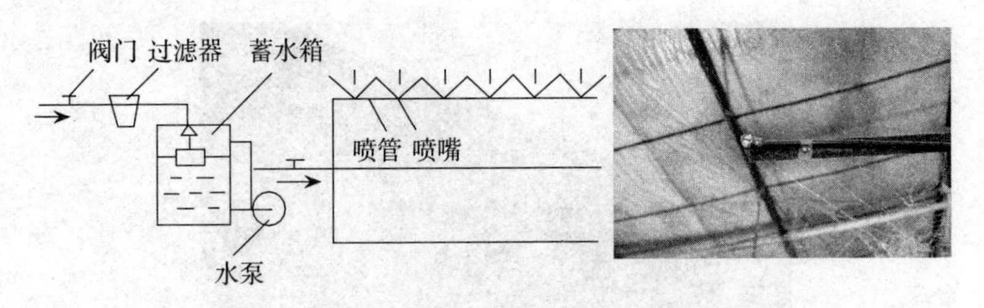

图 1-70　自动喷雾降温设备结构示意及实景图

钟，再喷 2 分钟，如此反复，直到温度降到 26～27℃时停止。该设备的喷雾时间可在 5 秒到 20 分钟范围内调节，间歇时间可在 30 秒到 20 分钟范围内调节。喷雾时，舍内相对湿度为 70％的条件下，气温可降低 3～4℃。

喷管安装要求，笼养时离笼顶 1～1.5 米处，平养时应距饲养面 2 米。喷嘴应朝上安装，因射程达 0.6～0.7 米，故喷嘴离屋顶不得小于 0.7 米，防止将水喷在屋顶上，导致不能雾化吸热，反而使舍内潮湿。雾粒喷射范围为 1.2 米左右，故两喷嘴间距应为 1.2 米。

六、通风设备

（一）通风机

通风机是机械通风系统中的主要设备，用以输送空气，按其工作原理可分为轴流式通风机和离心式通风机两种。

1. 轴流式通风机　由叶轮、电机及圆筒形外壳构成。电动机固定于圆筒壳内，叶轮直接固接于电动机转轴上。工作时，由于叶轮转动，扭曲叶片对空气产生轴向推力作用，使空气向叶轮方向推送，又从后方吸入补充，形成了平行于电机转轴的输送气流，故称之为轴流式通风机。

轴流风机的特点是产生的风压小，而输送的风量相对较大；其次是叶轮可以逆转，当旋转方向改变时，输送气流的方向也随之改变，但风压、风量的大小不变。故常用于风量要求大、通风管道粗短阻力小的场合，特别适合于禽舍的通风换气。

轴流风机按使用特点大致可分为5种形式：①壁式，装于墙壁上。②岗位式，可任意移动工作位置。③管道式，筒壳两端均可连接通风管道。④固定式，有机座固定于特定的工作场所。⑤防尘式，筒壳出风口设有百叶片，停机时可自动关闭，有防尘作用和防止气流倒灌现象。

选择风机主要考虑所需风量、风压及安装方式，通风机的风量应满足计算所确定的通风换气量的最大值，还应附加上10%～15%的损失；通风机的压力主要用来克服禽舍内外的空气压差，一般的低压轴流风机（风压小于50毫米水柱），风压均在禽舍通风换气所需范围之内。为了满足风量调节需要，可根据总通风换气量安装数台风机。

2. **离心式风机**　产生的风压较高，但风量较小，用于需对空气进行处理的正压通风系统和联合式通风系统。这种风机运转时，气流靠带叶片的工作轮转动时所形成的离心力驱动。其特点使其自然地可适应通风管道90°的转弯。

离心风机由蜗牛形外壳、工作轮和带有传动轮的机座组成。离心式风机不具有逆转性，压力较强，在畜舍通风换气系统中，多半在送热风和冷风时使用。

随着对畜禽舍环境控制的日益重视和禽舍通风技术的不断发展，国际上各种专供禽舍通风用的高效、省电、抗腐蚀、耐用及可调节风速、风量的风机日益增多，从而为改进禽舍的通风创造了条件。

（二）自控通风系统

对通风量的调节、即对通风系统的有效控制是整个通风系统必不可少的，禽舍机械通风系统通过附加的自动调节装置，可以达到风机启闭和转速增减，以调节风量、控制环境，这种可调节通风系统叫自动通风。

机械通风的调节有 3 种方式：①通过对通风系统的控制来调节风量、风速和气流的均匀分布，以保证舍内适宜环境的建立。为达到有效调节，首先要求对畜舍的通风系统进行周密的设计，以保证最有效通风。②根据舍内温度的变化控制通风量。通常是在附加上安装感应灵敏、准确的热敏元件（常见者为金属温度探头），其原理是：当热敏装置感受温度变化时，通过信号转换切断或接通附加马达的电源，从而关闭或开动风机。风机的自控装置应安装在能代表舍内正常温度的位置。③时间继电器控制。即按规定的时距每隔一定时间开动风机或关闭风机。这种调节装置多用于蛋鸡舍。

另外，风机应分区组合设开关，必要时可切断某一机组或启动某一机组，以保证舍内温度与气流的均匀分布。

七、清粪设备

禽因缺少独立的排尿器官，故鸡粪较湿，容易导致细菌大量繁殖。鸡每天的排粪量为其体重的 7%～9.5%，一只产蛋鸡每天的排粪量为 145～182 克。如不及时清除，在鸡舍内就会产生大量的有害气体，危害健康，因此必须及时进行清除和处理。

（一）人工清粪设备

鸡舍内常见的清粪方法有两类：一类是经常性清粪，每天清粪 1～3 次，所用设备是刮板清粪机（多用于阶梯式笼养、网上平养），带式清粪机（多用于叠层式笼养），抽屉式清粪板（多用于小型叠层式育雏笼养）；另一类是一次性清粪，每隔数天、数月或一个饲养周期才清粪一次，所用设备是手推车、拖拉机前悬挂清粪铲（多用于厚垫草散养、高床笼养）。

（二）清粪器

1. **经常除粪设备**　经常除粪设备根据饲养方式有所不同。平养常采用地面刮板式除粪机除粪，笼养常采用多层刮板式或输送带式除粪机除粪。

（1）地面刮板式除粪机　主要用于平养、平置笼养和阶梯笼养。除粪机配置在栖架或每排鸡笼下面的沟槽内，由钢丝绳牵引刮粪板，见图 1-71。钢丝绳由驱动器带动，在钢丝绳的每个转弯处设有转角轮。刮粪板只作单向刮粪。当向前移动时刮粪板下

图 1-71　刮板式除粪机

落，把沟中的积粪刮向鸡舍的一端，再由横向除粪机排出舍外。回程时刮粪板抬起，以免把沟中遗留的粪带回。刮板宽900～2 400毫米，粪沟深为200毫米，刮粪板的移动速度为8～12米/分，最大运行距离为120米。

钢丝绳是除粪机的主要部件，由于鸡粪有较强的腐蚀性，使用寿命很短，一般为数月至半年。因此要求钢丝绳要有良好的耐腐蚀性能，同时还要柔软、耐磨并具有足够的强度。抗拉强度在1.7千牛顿/毫米以上。目前使用的钢丝绳有塑料包覆型、镀锌型和不锈钢型3种，以前者为最常见。但塑料包覆型钢丝绳的塑料外皮不耐挤磨，因此常在驱动器上安装安全装置。当刮粪板受阻可自动停止运转，以免驱动轮磨破塑料外皮。

地面刮板式除粪机仅把鸡粪沿粪沟刮向鸡舍的一端，若要清除到舍外，一般还需配备横向清粪机（图1-72），是与牵引式清粪机配套使用的，其主要工作部件是由扁钢卷制而成的无心轴环带式螺旋。

（2）多层刮板式除粪机　是叠层笼养所用的多层刮板式除粪

图1-72　横向刮板清粪机

装置。通过在主动卷筒和被动卷筒采用交叉缠绕，避免了钢丝绳打滑，钢丝绳通过各绳轮并经过每层鸡笼的承粪板上方。每一层有一刮板，一般排粪设在安有动力装置相反的一端。开动电机时，有两层刮板为工作行程，另两层为空行程，到达尽头时电动机反转，刮板反向移动，此时另两层刮板为工作行程，到达尽头时电动机停止。所用的刮板与地面刮板相比，结构较简单，宽度和高度均较小。

叠层式鸡笼的承粪板可采用玻璃板、镀锌钢板、水泥板、压力石棉水泥板、钙塑板、电木板等。玻璃板、镀锌钢板及钙塑板价格较高，采用较少。目前国内采用的 3～4 毫米厚的石棉水泥板具有重量轻、抗腐蚀及价格便宜等优点，25 毫米厚的水泥预制板作为承粪板，效果也很好。

（3）输送带式除粪机　只用在叠层式鸡笼，它的承粪和除粪系统由输送带完成，图 1-73 为层叠笼传送带除粪机。它由主动轮、被动轮、托轮和输送带组成，上下各层输送带的主动辊可由同一动力机来带动。在排粪处设有刮板，将粘在带子上的鸡粪刮下。

图 1-73　层叠笼养传送带除粪

输送带的材料有橡胶带、涂胶亚麻带、涂塑锦纶带、涂塑涤纶带和玻璃纤维带等，以双面涂塑锦纶带用的居多。

2. **定期除粪设备** 定期除粪可以使除粪作业大大简化，是各国日益广泛应用的鸡舍除粪方法。它可分为不预先干燥定期除粪和预先干燥定期除粪两类。

（1）不预先干燥的定期除粪系统 网上平养、全阶梯和平置笼养的半高床和高床形式（即栖架高度在0.8～2米，鸡笼组离地高度在1～2米），都没有预先干燥的过程，鸡粪都可直接落入粪池，必须依靠在粪池内干燥后进行除粪。一般在粪池的墙上装有风扇，从屋檐处进气，从下面排气，气流掠过鸡粪而排出舍外，带走鸡粪的水分和臭气。高床式可一年或数年清粪一次，采用清粪铲车清除并运出舍外。半高床式数月清粪一次，可采用粪沟刮板刮出并配合螺旋输送器运至舍外。

（2）预先干燥的定期除粪系统 半阶梯和叠层式笼养的定期除粪系统往往采用预先干燥的形式。这种形式在鸡笼结构上有所区别。定期除粪的半阶梯式鸡笼的倾斜承粪板倾角较小，而叠层式鸡笼多采用具有中央除粪竖井的结构，鸡笼内加设通风管，平时有风吹出。鸡粪在承粪板上干燥3～4天，再用刮板刮入粪沟或粪池，而后再按上述方法清除至舍外。

这种除粪系统的鸡笼刮板的特点是将粪侧向刮移，故和一般的刮板有所不同。这种刮板可安装在喂饲小车上，也可单独用绳索牵引。

八、光照设备

光照对畜禽的生理机能有着重要的调节作用，对畜禽的健康和生产能力有较大的影响。光照充足与否，还直接影响饲养人员的工作效率。

由于规模化畜禽养殖业的兴起，畜禽舍内的照明强度和照明制度在科学饲养中所起的作用愈加引起人们的重视，光照控制也是改善饲养环境的重要内容。

畜禽舍光照主要借助于自然采光，夜间及必要时辅以人工光照，而对无窗畜禽舍则完全用人工光照。

(一) 畜禽舍常用电光源

把电能转换为光能的设备，称为电光源，按发光原理分为热辐射光源和放电光源，前者常用的如白炽灯，后者常用的如荧光灯。

1. **白炽灯** 俗称灯泡，是最常用的热辐射光源，由玻璃灯壳、灯丝和灯头构成，见图1-74。灯丝是由钨丝做成的发光体，通电加热达到炽热状态后即发出可见光。60瓦以下泡壳是抽真空，以减少传导热损失。大功率灯泡内充惰性气体，以提高灯丝温度和灯泡发光效率。灯头用以固定灯泡和引入电流，有螺口和插口两种，螺口灯头接触面积大，适用于功率较大灯泡，插口接触面小，为防止接触点温度过高，只在小功率灯泡采用。

图1-74　白炽灯

白炽灯接近于点光源，便于进行光学控制，无需辅助器件，可在很宽的环境温度下工作，属于简单、低廉、方便的光源，但发光效率低，寿命也较短。

2. **荧光灯** 又称日光灯，构造及线路组成见图1-75。在封闭的玻璃灯管的两端，装有钨丝电极，钨丝表面涂有氧化钡，以便当电极烧热后易于发射电子。灯管的内壁涂有荧光粉，管内抽成真空，并充有少量的氩气和汞气。

日光灯具有发光效率高、省电、寿命长、光色好的优点，但需要辅助设备，初始投资较大，对温度和湿度较敏感。

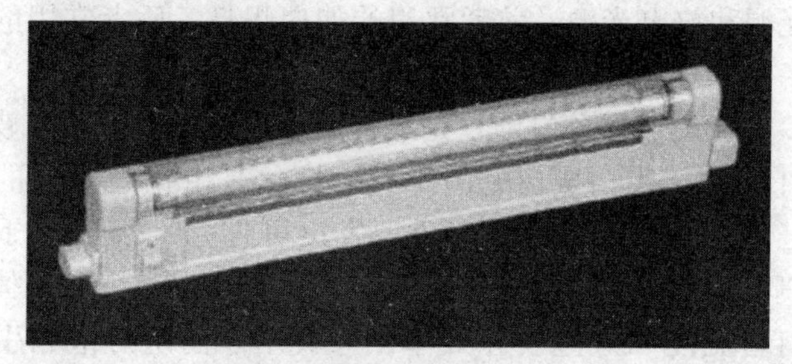

图 1-75 荧光灯

3. **紫外线灯** 灯的构成和接线电路与日光灯完全一样，所不同的是灯管由能透过紫外线的石英玻璃制成，内壁不涂荧光粉，见图 1-76。

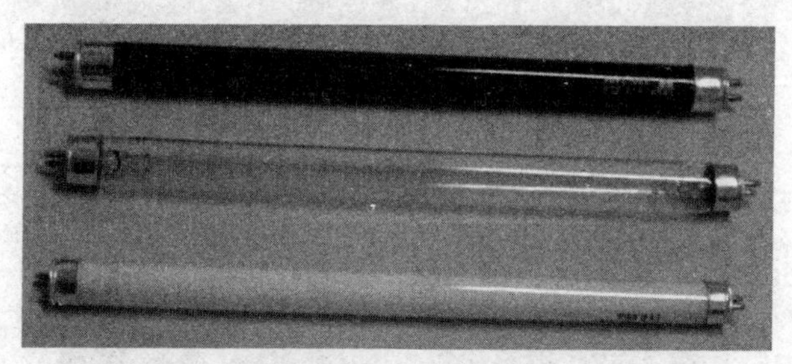

图 1-76 紫外线灯

紫外线灯在饲养场用于杀菌、空气消毒和饮水消毒，紫外线照射还可促使胡萝卜素转化为维生素 A 和维生素 D，能增进幼禽、幼畜抵抗疾病的能力，对母鸡还能使蛋壳增厚，减少破损率。但在使用时必须注意对人体的防护，工作人员应戴好防护眼镜，穿好工作服，以免直接暴露在紫外线下造成灼伤。

4. 红外线灯 可辐射出大量的红外线并将其集中照射于所需方向。红外线最显著的特性是其热效应，被物体吸收后能使物体的温度升高，起到保温和加速干燥的作用，所以饲养场内常用于育雏舍的保温设备。此外，幼禽经红外线照射后还能促进增重和增加对各种疾病的抵抗能力。

常用的红外线灯也是一种白炽灯，其构造、接线与白炽灯相同，差别在于抛物面状的泡顶内壁敷铝，以使红外线辐射流集中到所需照射的方向。常用的规格为 HW220-250 型，使用电压为 220 伏，功率为 250 瓦，见图 1-77。

图 1-77 红外线灯

5. 节能灯 节能灯系统见图 1-78，它可节省 75%的电费，保证至少三年不坏，但它有专门的适配器，并且一次性投资较大。国产节能灯的寿命一般只有 4 000 小时左右。

6. 便携聚光灯 它是一种充电型卤素聚光灯，见图 1-79，它的功率大，光照明亮距离可达数十米，单手可携带，可用 240 伏充电器对其充电，塑料外壳有较高的防水和抗碰撞能力。它为家禽饲养场提供了一种新型照明灯具。

各种人工光源特性及成本比较见表 1-12。

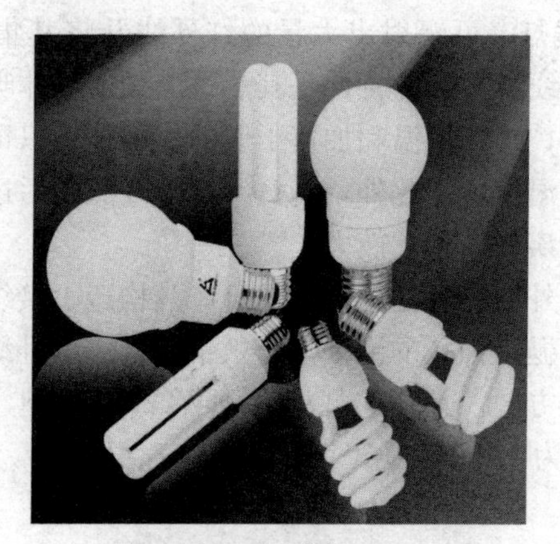

图 1-78　节能灯

图 1-79　便携聚光灯

表 1-12　各种人工光源特性及成本比较

项目	白炽灯	低压水银荧光灯	节能高效荧光灯	高压钠灯	金属卤化物灯
输入功率（瓦）	10～1 000	6～125	5～28	35～1 000	32～1 500
发光效率（流明/瓦）	7.9～30	40～85	50～80	51～132	60～100
色温（开尔文）	2 500	2 700	2 700	2 100	3 700～4 000
光通量（流明）	79～2.15×10^4	240～1.06×10^4	250～2 240	1 700～1.32×10^5	2 500～1.5×10^5

（续）

项目	白炽灯	低压水银荧光灯	节能高效荧光灯	高压钠灯	金属卤化物灯
安装成本	低	中	中	高	高
运行成本（耗电）	最高	次高	中	低	低
使用寿命（小时）	500～2 000	5 000～8 000	大于 10 000	大于 24 000	大于 15 000
是否预热	否	是	是	是	是
控制方式	开/关调压	开/关	开/关	开/关	开/关
应用场所	各种鸡舍	不调光鸡舍	不调光鸡舍	种鸡舍	仓库、车间

（二）常用控制设备

1. **遮光导流板**　通过波纹状板块可以减少外界光线的进入，而对气流的影响则很少，适于密闭鸡舍使用。

2. **可编程序控制器**　见图1-80，可编程光控器，能够同时设置 10 组时间段，进行鸡舍光照的开启与关闭。可根据需要改变控制时间或实现多次控制。

3. **微电脑时间控制器**　光照程序控制器采用微电脑芯片设计，照明亮度无级变化，具有自动测光控制功能。自动光照—通风两用控制器既能自动控制光照系统，又能接上湿帘、风机、暖风炉等设备进行全自动时间控制（图 1-81、图 1-82）。

图 1-80　24 小时可编程序控制器

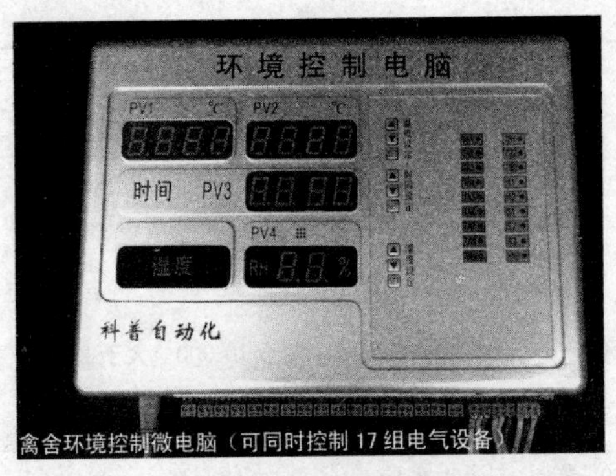

图 1-81　禽舍光照程序控制器

图 1-82　光照一通风两用控制器

九、其他常见养禽器具

（一）人工授精器具

鸡的采精和输精常用的器具，详细用具见表 1-13。

表 1-13　人工授精用具

名　　称	规　格	用　　途
集精杯	5.8～6.5 毫升	收集精液

（续）

名　　称	规　格	用　　途
刻度吸管	0.05～0.5毫升	输精
刻度吸管	5～10毫升	贮存精液
保温瓶或杯	小、中型	保温精液
消毒盒	大号	消毒采精、输精用具
生物显微镜	400～1 250倍	检查精液品质
生理盐水	—	稀释用
蒸馏水	—	稀释及冲洗器械用
温度计	100℃	测水温用
干燥箱	小、中型	烘干用具
冰箱	小型低温	短期贮存精液用
分析天平	感量0.001克	配稀释液称药用
载玻片、盖玻片、血球计数板	—	检查精液品质
pH试纸	—	检查精液品质
注射器	20毫升	吸取蒸馏水及稀释液用
注射针头	12号	备用
药物天平	感量0.01克	配稀释液称药用
电炉	400～1 000瓦	精液保温供温水用，煮沸消毒用
烧杯、毛巾、脸盆、试管刷、消毒液等	—	消毒卫生用
试管架、瓷盘	—	放置器具

（二）切喙机

为了防止鸡只啄肛及它们之间相啄，在适当时候就得切喙。它是采用低电压、大电流使切喙刀片发热烧红，瞬间切喙，高温烧灼可以阻止鸡喙流血，机上有调温旋钮，以供选择，见图1-83。

图 1-83　电热式切喙机

（三）称鸡秤

鸡场要经常称量鸡重，目前，国内多使用不同称量分辨率的多用电子秤，见图 1-84。

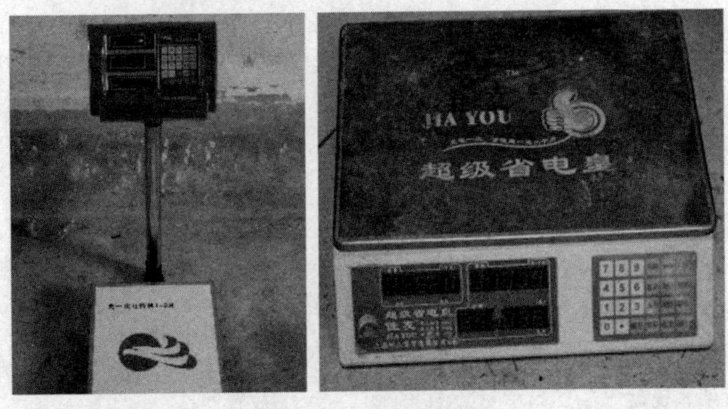

图 1-84　电子秤

（四）养鸡工具及设备

国内养鸡常见用具几乎均用塑料制成，塑料制品能重复利用，且可清洗、消毒，见图 1-85。

图 1-85　部分养鸡用具

（五）禽舍冲洗设备

一般采用高压水枪清洗地面、墙壁及设备。目前有多种型号的国产冲洗设备，如喷射式清洗机，见图 1-86。

图 1-86　喷射式清洗机

第二章 孵化场建设关键技术

第一节 孵化场的建场要求

一、场址选择

孵化场是最容易被污染又最怕污染的地方。孵化场一经建立，就很难改动，尤其是大型孵化场。所以选址需要慎重，以免造成不必要的经济损失。为了确保孵化场建成后能正常运作，建设孵化场时应尽量满足以下几点要求：

1. **符合卫生防疫的要求** 孵化场应是一个独立的隔离场所，须远离交通干线（500 米以上）、居民点（不少于 1 000 米）、鸡场（500 米以上）和粉尘较大的工矿区等污染严重的企业，以防震伤胚胎或使胚胎中毒、感染疾病。

2. **选址和建设应利于通风排水** 孵化场地势低洼、潮湿、不通风，易引起细菌繁殖及设备锈蚀，缩短设备使用寿命，影响正常生产，故应尽可能选择通风向阳坡地。孵化场要建在地势较高、交通方便、水电资源充足的地方，周围环境要清静优雅、空气新鲜，场区周围最好是绿树成荫。

3. **满足水质要求** 孵化场经常对孵化设备、使用器具、地面等进行清洗、消毒及孵化过程中加湿，故要求水压大、水质好、水量充足。

4. **确保孵化场的用电需要** 孵化设备一般都是以电作为动力加热供温的，不容许出现长时间停电，故要求具有备用电源（发电机），以备停电时急需。

除了这些外，在建场时还应考虑到污水排放处理、燃料供应及交通运输等问题。

二、孵化场的建筑要求及通风换气系统

（一）孵化场的建筑要求

1. 孵化场的规模 根据公司的发展规模，确定孵化场规模。孵化室和出雏室面积应根据孵化器类型、尺寸台数和留有足够的操作面积来确定。

2. 土建要求 孵化场墙壁、地面和天花板，应选用防火、防潮和便于冲洗、消毒的材料；地面可用沥青和油毡防潮，再填20厘米保温防潮性能好的材料，再做水泥地面，其承载力应大于750千克，孵化车间和出雏车间地面平面度应小于5毫米，屋顶与孵化机顶部之间距离应大于1.5米，外墙厚度应大于37厘米，墙体内面采用抗腐蚀的面砖或涂料。设下水道（如用明沟需加盖板或用双面带釉陶土管暗管加地漏）并保证畅通。屋顶应铺保温材料，这样天花板不会出现凝水现象。

（1）孵化场各室（尤其是孵化室和出雏室）最好为无柱结构，若有柱则应考虑孵化器安装位置，以不影响孵化器布局及操作管理为原则。

（2）门高2.5米左右、宽1.8～2.0米，以便于搬运种蛋和雏鸡时出入，而且要密封，以推拉门为宜。地面至天花板高4.0～4.2米。窗为长方形，要能随意开关。南面（向阳面）窗的面积可适当大些，以利采光和保温。窗的上面和下面都要留活扇，以根据情况调节室内通风量，保持室内空气的纯净度。窗与地面的距离1.4～1.5米。

（3）孵化室、出雏室、收蛋室的天花高度以4.0～4.2米为宜，鸡苗室的天花高度以3.0～3.2米为宜，种蛋贮存室、更衣室、熏蒸室、无菌室的天花高度以2.6～3.0米为宜，以保证消

毒的效果，节省能源。

（4）孵化室和出雏室之间应建移盘室，这样一方面便于移盘，另一方面能在孵化室和出雏室间起到缓冲作用，便于孵化室的操作管理和卫生防疫。有的孵化室和出雏室仅一门之隔，且门不密封，出雏室污浊的气体很容易污染孵化室。尤其是出雏时，将出雏车或出雏盘放在孵化室，更容易对孵化室造成严重污染。

（5）安装孵化机时，孵化机间距应在 80 厘米以上，孵化机与墙壁之间的距离应不小于 1.1 米（以不妨碍码盘和照蛋为原则），孵化器顶部距离天花板的高度应为 1～1.5 米。

（二）孵化场的通风换气系统

孵化场通风换气的目的是供给氧气、排除废气（主要是二氧化碳）和驱散余热。通风换气系统的设计和安装不仅要考虑为室内提供新鲜空气和排出二氧化碳、硫化氢及其他有害气体，同时还要把温度和湿度协调好，不能顾此失彼。

（1）最好各室单独通风，将废气排出室外，至少应以孵化室和出雏室为界，两单元各有一套单独通风系统。有条件的单位，可采用正压过滤通风系统。

（2）出雏室的废气，应先通过加有消毒剂的水箱过滤后再排出室外，否则带有绒毛的污浊空气还会进入孵化厂，污染空气；采用过滤措施可大大降低空气中的细菌数量（可滤去 99%的微生物），提高孵化率和雏鸡的质量。

（3）孵化场各室的温、湿度及通风换气等技术参数，见表 2-1、表 2-2。

（4）移盘室介于孵化室和出雏室交界处，应采用负压通风。

表 2-1　孵化场各室每千个蛋空气流量

室外温度		种蛋处置室	孵化室	出雏室	雏鸡存放室
(°F)	(℃)	(米³/分钟)	(米³/分钟)	(米³/分钟)	(米³/分钟)
10	12.2	0.06	0.20	0.43	0.86
40	4.4	0.06	0.23	0.48	1.14
70	21.2	0.06	0.28	0.51	1.42
100	37.8	0.06	0.34	0.71	1.70

表 2-2　孵化场各室的温、湿度及通风技术参数

室　别	温度（℃）	相对湿度（%）	通　风
孵化室、出雏室	24～26	70～75	最好用机械通风
雏鸡处置室	22～25	60	有机械通风设备
种蛋处置兼预热室	10～24	50～65	人感到舒适
种蛋贮存室	10～18	75～80	无特殊要求
种蛋消毒室	24～26	75～80	有强力排风扇
雌雄鉴别室	22～26	55～60	人感到舒适

第二节　孵化场的布局

孵化场的规模应根据养鸡发展情况而定，根据鸡的品种、存栏量，计算出每月需要生产的雏鸡量和所需的种蛋数、批次、每批入孵的种蛋数，进而确定孵化箱的台数和孵化室的面积。根据每批出雏的最高数量，来确定出雏室和雏鸡存放室、贮蛋室、收蛋室、洗涤室、雏盒室等需要的面积，作为建场的依据。

一、孵化场的布局应符合孵化作业的特殊工艺流程

（1）孵化场内分设有种蛋检验室、熏蒸（消毒）室、贮蛋室、孵化室、出雏室、洗涤室、幼雏存放室和雌雄鉴别室等。

（2）孵化场的工艺流程，必须严格遵循“种蛋——种蛋处置

（分级、码盘）——种蛋消毒（贮存前）——种蛋贮存——种蛋消毒——孵化——移盘——出雏——雏鸡处置（分级、鉴别、免疫接种等）——雏鸡存放——雏鸡发放”的单向流程不得逆转或交叉原则（附图 2-1）。目前有许多场的孵化室与出雏室仅一门之隔，且门不密封，出雏室空气严重污染孵化室。

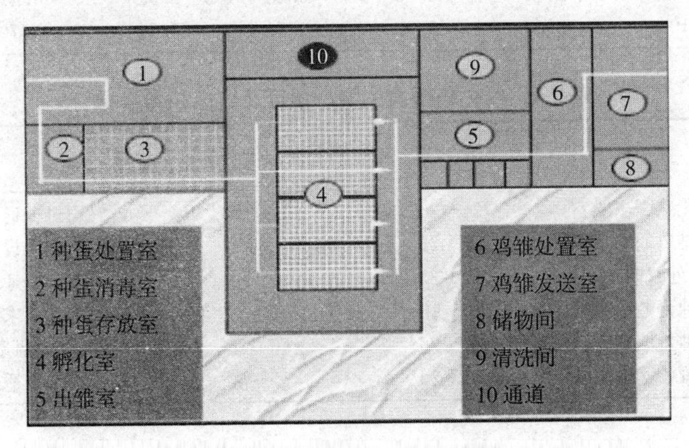

图 2-1　孵化场的工艺流程

（3）不同规模的公司在建场时应根据流程要求及服务项目，以孵化室和出雏室为中心，来确定孵化场的布局，安排其他各室的位置和面积，以减少运输距离和人员在各室的往来，提高建筑物的利用率。但必须保证孵化工艺单向流程、通风和消毒防疫等要求。

（4）小型孵化场可以从种蛋到雏鸡各室排成长条形布局，这种布局要求孵化室与出雏室之间设缓冲室，以方便卫生防疫和操作，但这种布局不利于孵化场将来的发展壮大，扩建时须拆除原有建筑物而造成浪费。

（5）大型孵化场一般建成 T 形结构，以种蛋室（进行种蛋的验收、消毒和贮存）和洗涤室为中心来确定孵化场内各室的整体布局，孵化室和出雏室在两侧，以后孵化场则可向 T 形两端扩展，雏鸡的分级鉴别和发送室位于T形的下端。注意种蛋室与孵化室之间、洗涤室与出雏室之间须分别有走道相通，而孵化室与出雏室不可直接相通，否则出雏室的污浊空气易污染孵化室。

二、孵化场的布局应符合卫生防疫要求

孵化区域外景见图2-2。总体布局应遵循以下几点。

（1）在进出口各设一个与汽车厢底等高的平台，便于汽车在运入种蛋和运出雏禽时，使蛋箱或雏禽的小车直接推到汽车上装卸。

（2）便于控制温、湿度，有良好的采光、通风环境。一般孵化室的理想温度为21～22℃（最高不超过26～27℃），相对湿度为55%～65%，室内要求通风良好，空气新鲜。此外，对建筑物的围护结构保温、隔热要求较高。特别是大型孵化厅的孵化机采用屋式时，对保温要求更高。此外，种蛋处理室、蛋库、鉴别室、存雏室等均对温、湿度有一定要求。

（3）便于清洗。每次出雏后都要对孵化机、出雏机、孵化盘、出雏盘、蛋车等设备工具进行冲洗、平滑、排水。应设下水道，以减少污染。

（4）易于控制疾病。孵化场应设置分开的人员出入口、车辆

图2-2　孵化区域外景

出入口和废弃物输送通道；在孵化场的工作人员必须严格遵守规章制度，并付诸实施。对进入孵化场的工作人员，必须消毒、洗澡、更衣后才能进入场区。运输车辆进场时，轮胎须冲洗、消毒，随车人员不得进入种蛋消毒室和出禽存放间。

第三节 孵化场各功能室建设设计

孵化场应设置更衣淋浴间、人员休息室、配电室、厕所、种蛋接收间、种蛋熏蒸间、种蛋装盘间、种蛋存放室、孵化间、出雏间、雏鸡存放间、洗涤间等功能间，孵化场（厅）内各室的基本要求应符合表 2-3 的规定。

表 2-3 孵化场各功能室的基本要求

项目	温度（℃）	相对湿度（%）	通风	其他必备条件
种蛋贮存室	14～20	70～80	无特殊要求	有空调及防蚊蝇鼠等设施
验蛋装盘室			人感到舒适	可兼作预温室
熏蒸消毒室			有强力排风扇	
孵化室	常温	自然湿度	有机械排风设备	室内二氧化碳含量小于 0.1%
出雏室				
雌雄鉴别室			人感到舒适	遮光
初生雏存放室	22～25	50～60	有机械排风设备	防鼠害

（一）种蛋室

种蛋室应便于熏蒸消毒和冲洗消毒，墙壁和天花板应隔热性能良好，通风条件良好。最好设置空调机，使室温保持在13～20℃，防止鼠害，以保证种蛋适宜的保存条件和取得良好的孵化成绩。

种蛋室至少要隔成两间。

1. **种蛋接收与装盘室**　作种蛋的接收、清点、分级、装箱和贮存包装材料用，此室面积宜宽大些，以利于蛋盘的码放和蛋架车的转运。室温保持在18～20℃为宜。

2. **种蛋存放室**　专供贮备种蛋用，此室的墙壁和天花板应隔热性能良好，通风缓慢而充分。设置空调机，使室温保持在14～20℃。

种蛋库应保持清洁卫生，不得有灰尘。卵子受精后，不久即开始发育，经过24小时的不断分裂，已形成一个多细胞的胚盘。鸡胚在体内形成两个胚层之后，蛋即产出，遇冷后暂时停止发育。胚发育的临界温度是23.9℃，保存温度超过这个界限鸡胚即开始发育，尽管发育有限，但由于细胞代谢会逐渐导致鸡胚的衰老和死亡。相反温度过低，如低于0℃，则种蛋会因受冻而失去孵化能力。种蛋保存的适宜温度是12～15℃，如果种蛋保存的时间在1周以内，15～16℃为合适温度，超过1周12℃为宜。在蛋的构成中，水分占73%，所以湿度环境也是很重要的条件。种蛋库的湿度以70%～80%合适，蛋内的水分不易被蒸发。

（二）孵化室与出雏室

孵化室与出雏室的大小以选用的孵化机的机型来决定。孵化机顶板至吊顶的高度应大于1.6米，无论双列或单列排放均应留足工作通道，孵化机前约30厘米处应开设排水沟，上盖铁栅栏，栅孔1.5厘米，并与地面保持平齐。孵化室与出雏室的水磨地面应平整光滑。地面的承载能力应大于每平方米700千克。室温保持22～24℃。孵化室的废气通过水浴槽排出，以免雏鸡绒毛被吹至户外后，又被吸进进风系统重新带入孵化厂各房间中。专业孵化场应设预热间。

（三）其他功能室

1. **熏蒸室** 用以熏蒸或喷雾消毒处理入场待孵的种蛋。此室不宜过大，应按一次熏蒸种蛋总数计算。门、窗、墙、天花板的结构要严密，并设置排气装置。

2. **洗涤室** 孵化室和出雏室旁应单独设置洗涤室，用于洗蛋盘和出雏盘。洗涤室内应设有浸泡池，地面设有漏缝板的排水阴沟和沉淀池。

3. **雏鸡性别鉴定和装箱室** 用于雏鸡的性别鉴定和装箱，室温应保持在 25～31℃。

4. **雏鸡存放室** 装箱后的暂存房间，室外设雨篷，便于雨天装车。室温要求 25℃左右。

5. **照检室** 鸡胚照检用，要求光线暗，可安装可调光线明暗的百叶塑料窗帘，以调节光线。

参照的孵化大厅见图 2-3。

图 2-3 孵化大厅

第四节 孵化厂设备

一、电力设备

（一）发电机

孵化场必须配备发电机组，以备停电时紧急启用。一台随时备用的发电机对任何孵化场来说都是极为重要的，发电机功率要根据孵化机、出雏机的总负荷及照明、路途损耗来定。当负荷增加、电压下降时，可停掉加湿器，以保证孵化的基本需要。

1. **发电机的选用** 目前，孵化场尚没有专用的发电机，可根据需要选择家用和工厂用发电机。选购发电机时，应根据电气设备的总功率来考虑，功率太小，不能满足需要；功率太大，又是一种浪费。一般来说，功率为1千瓦的机器需要功率为2.5千瓦的发电机才能顺利带动，选择时应充分考虑（表2-4、表2-5）。

表2-4 发电机的机座号和功率对应关系

机座号	功率（千瓦）	机座号	功率（千瓦）	机座号	功率（千瓦）
160S1	3	180M	16（15）	225L	50
160S2	5	200S	20（15）	250M	64
160M	7.5（8）	200M	24	250L	75
180S1	10	225S	30		
180S2	12	225M	40		

表2-5 发电机的主要技术参数

性能参数	技术指标	性能参数	技术指标
稳态电压调整率	±1%～5%	瞬态电压调整率	85%～12%电子伏

（续）

性能参数	技术指标	性能参数	技术指标
空载电压整定范围	95%～105%电子伏	电压恢复时间	1秒
不对称负载线电压偏差	5%	空载线电压波形畸变率	10%

2. **科勒汽油发电机** 科勒汽油发电机的可靠性和耐用性均非常高，专用型加装自动风门，启动更加简便可靠。空气冷却四冲程OHV双气缸汽油发动机效率高、输出波形好、过载能力强。启动电池选用免维护电池（45AH），使维护简便易行（表2-6、图2-4）。

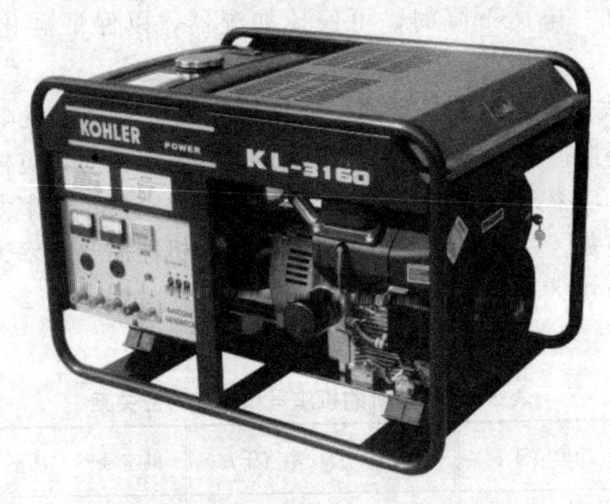

图2-4 科勒汽油发电机（科勒产品图）

表2-6 8～20千瓦科勒汽油发电机参数

	参数	KL-3200	KL-1140	KL-3300	KL-1180	KL-3350	KL-1200
发电机组	额定电压	三相 380伏	单相 220伏	三相 380伏	单相 220伏	三相 380伏	单相 220伏
	频率	50赫兹	50赫兹	50赫兹	50赫兹	50赫兹	50赫兹
	最大输出	18千瓦	14.5千瓦	22.5千瓦	18千瓦	25千瓦	20千瓦
	额定输出	16.5千瓦	13千瓦	20千瓦	16千瓦	22千瓦	18千瓦
	额定电流	每相20安	60安	每相24安	72安	每相27安	81安
	功率因数	0.8	1	0.8	1	0.8	1

（续）

发动机	形式	空气冷却四冲程 OHV 双气缸汽油发动机					
	型号与排量	CH730，725 毫升	CH740，725 毫升	CH34，999 毫升	CH38，999 毫升	CH38，999 毫升	CH980，999 毫升
	每分钟最大功率	23.5 马力/3 600 转	23.5 马力/3 600 转	34 马力/3 600 转	34 马力/3 600 转	34 马力/3 600 转	38 马力/3 600 转
	启动方式	电启动					
	燃料	90＃以上汽油					
	机油容量	2.0 升	2.0 升	2.5 升	2.5 升	2.5 升	2.5 升
附属配置	永磁无刷电球	有					
	油箱容积	37～45 升					
	机油报警器	有					
	耗油量（全负载）	4 升/小时			5 升/小时		
	连续运转时间	9～12 小时			9～12 小时		
	噪声（距 7 米）	74 分贝					
	电池容量	12V-45AH 免维护电池					
	车轮附件	标准配备					
其他	尺寸（长×宽×高）	950 厘米×620 厘米×620 厘米					
	净重(含轮)	180 千克					

（二）三相电源保护器

三相电源保护器可对三相电源的缺相、错相、过压、过流、停电等不正常现象进行保护和报警，使设备免受损坏。

1. TVR 系列三相电源保护器　由上海高迪亚电子系统有限公司设计生产，它采用大规模集成电路精制而成，对三相电源中的电压过高、电压过低、缺相、逆相、三相电压不平衡等现象提供准确的继电保护，可有效地防止在工业生产中因电压不稳定而造成的损失（图 2-5）。

图 2-5　TVR 系列三相电源保护器

2. JL-400 系列三相电源保护器　由宁波市海曙巨龙电气厂设计生产的 JL-400 系列三相电源保护器是一种多功能三相电源系统或三相用电设备的监测和保护仪器。集三相电压显示、过电压保护、欠电压保护、缺相保护（断相保护）、电压不平衡保护、相序保护（错相保护）于一体，采用功能强大的微处理器芯片和非易失存储技术，显示采用高清晰宽温中文液晶，具有功能齐全、性能稳定、显示直观、操作简便的特点。

JL-400 系列三相电源保护器可实时显示三相电源电压、并可在电源发生过压、欠压、缺相、不平衡、错相等故障时通过继电器输出的形式，给用户提供报警输出和保护电路动作输出的触点控制信号，起到报警和保护作用（图 2-6）。

图 2-6　JL-400 系列三相电源保护器

二、孵化设备

孵化设备主要指孵化机和出雏机，是利用仿生学原理和自动控制技术为禽蛋胚胎发育提供适宜的条件，以获得大量优质雏禽的机器。

（一）孵化机的分类

孵化机根据它的构造又分为巷道式孵化机和箱体式孵化机。目前大中型孵化场所用的孵化机主要是巷道式与箱体式孵化机。

1. **巷道式孵化机**　集中了三大优点：省电、省地、省人工。适合于大中型种禽企业，巷道机受人为因素影响较小，但对技术人员和电工的素质要求较高，工作流程简单明了，便于操作，适应工厂化、规模化的孵化生产（图 2-7）。

图 2-7　巷道式孵化机

2. **箱体式孵化机**　拥有微电脑控制技术，应用在孵化设备上，可以根据胚胎发育过程中，对温度、湿度、氧气等需求的变化，应用专家的经验，并接受各类信息，进行推理分析。使孵化设备能够为胚胎在整个发育过程中提供适宜的温、湿度及氧气(图 2-8)。

图 2-8　箱体式孵化机

(二) 孵化机应满足的基本条件

1. **温度控制**　保证一定的孵化和出雏温度，是对孵化设备提出的基本要求之一，孵化机内的温度不但要控制准确，而且机内各点温度的分布要均匀，使孵化机内所有的受精卵都有一个适宜的发育温度。孵化期温度应控制在 37.8℃，出雏期则应控制在 37.3℃。

2. **湿度控制**　一定的湿度也是受精卵胚胎发育的基本要求之一，孵化期的湿度一般控制在 53%～57%，出雏期则为 65%～70%，水禽孵化时对湿度的要求还要高一些。

3. **通风排气**　孵化机内空气的流动，可以帮助孵化机内的温、湿度分布均匀，此外还可将胚胎发育过程中排出的二氧化碳（CO_2）及时排出机外，将新鲜空气送入孵化机内，供胚胎发育所需氧气，因此孵化机要有一定的换气量，在孵化期换气量为每只鸡0.002～0.01米³/小时，出雏期则加大到每只鸡0.004～0.015米³/小时。

4. **翻蛋要求** 为保证孵化期鸡的胎位正常和受精蛋各处的环境条件相一致，要求蛋盘按一定的角度和时间进行翻蛋。水禽孵化机对翻蛋的要求还要高一些，在出雏期没有翻蛋的要求。

5. **节能要求** 节省能量会降低孵化成本，除要求供热、加湿、通风系统要设计合理之外，还要求箱体的保温性能要好。

6. **便于消毒** 在两次孵化之间要对孵化机内外进行彻底消毒，孵化机内部尽量消除消毒死角，有些孵化机为了消毒方便，已把蛋架车的导轨去掉，做成无底箱式孵化机。

（三）孵化机的主要部件

孵化机的主要部件包括箱体、盛蛋、转蛋装置及各种控制设备等（图 2-9）。

图 2-9 孵化器的基本结构图

1. **箱体** 孵化机的箱体可分为木制和金属制两种。木制箱体的体壁均为双层木板，中间塞以锯末、刨花、玻璃绒、石棉板等绝热材料，以便保温。现代的孵化机常用金属机体，内壁常为钢板，外壁为涂塑钢板，中间填以聚苯乙烯泡沫塑料隔热，表面光滑，耐水力强，容易冲洗。

2. **盛蛋及转蛋装置** 包括蛋盘架和蛋架车。

3. **控制设备** 包括：①温度的自动控制和均温装置，温度的控制装置包括热源和恒温控制系统，超温、低温报警装置。②通风装置。③湿度控制装置。

（四）出雏机的主要部件

出雏机完成孵化蛋（19 天）的出壳作业，它的结构及使用和孵化机大体相同（图 2-10），不同之处包括以下几点：①没有翻蛋机构，出雏期不允许翻蛋；②出雏盘取代蛋盘，出雏车取代蛋架车；③出雏期温度比孵化期温度要低 0.55～1.1℃；④出雏期湿度比孵化期湿度要高，为 60%～70%；⑤出雏期通风换气量要大于孵化期。

图 2-10　依爱牌出雏机

（五）照蛋及倒盘用具

1. **照蛋器**　为检查入孵蛋受精和胚胎发育情况，挑出无精蛋和死精蛋，用灯光穿透蛋壳的方法来观察入孵蛋，这种简易装置称为照蛋器（图 2-11）。

A

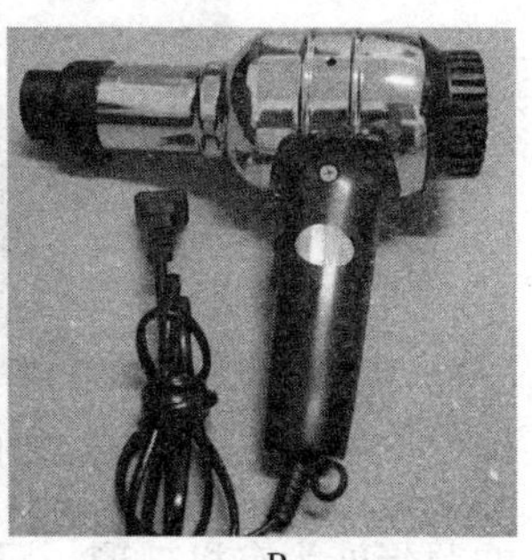

B

图 2-11　照蛋器
A. 箱式照蛋器　B. 手持式照蛋器

（1）照蛋灯　用于孵化时照蛋。采用镀锌铁皮制罩，尾部安灯泡，前面有反光罩，并配上 12 伏的电源变压器，使用更方便、安全。

（2）简易照蛋箱　可在纸箱或木箱内安置灯泡或煤油灯，并在箱壁上开若干直径 3 厘米的孔，即成简易照蛋箱。

（3）台式照蛋器　照蛋台上的灯光眼与蛋盘上的蛋数相等，蛋盘压上，照亮，蛋盘取下，熄灭，每个灯光眼上的蛋取下后，该处熄灭。该照蛋器分辨率高、照蛋速度快、照蛋破损少（图 2-12）。

（4）手提式多头照蛋灯　依据蛋盘每行的蛋数确定灯头数，灯头附着在轻质板条上，电压为 12 伏，灯罩为圆锥形橡皮套。

（5）照蛋车　国外有的厂家只在 19 天照蛋一次，主要排出破蛋、臭蛋、无精蛋和死胚蛋，它是由照蛋车来完成的。照蛋车

图 2-12　台式照蛋器

的照蛋处为有机玻璃，照蛋时将蛋盘推到有机玻璃上，光线通过玻璃板照到蛋上，无精蛋及死胚蛋被真空器自动吸出，对选不准的放到验蛋处验证。

2. **种蛋倒盘工作台**　为了选择合格的种蛋，并整齐地排入蛋盘上，可采用倒盘工作台（图 2-13）。

图 2-13　种蛋倒盘

三、运输设备

（一）手推车

孵化场应配备一些平板四轮或两轮手推车（图 2-14），运送蛋箱、雏盒、蛋箱及种蛋。

图 2-14　手推车及种蛋运输手推车

（二）输送机

可用皮带式或滚轴式的输送机，用于卸下种蛋和雏鸡。

1. 皮带式输送机 是输送设备中最常用的一种传输机构，见图 2-15。该机种具有结构简单、经济方便、使用可靠、传输平稳、输送量大、效率高及低噪声等优点。

图 2-15 皮带式输送机

2. 滚轴输送机 按驱动方式可分为滚筒线(图 2-16)和无动力滚筒线，按布置形式可分为水平输送滚筒线、倾斜输送滚筒线和转弯滚筒线。还可按客户要求特殊设计，以满足各类客户的要求。

图 2-16 滚轴输送机

（三）运雏车

雏鸡出场时，可用带有空调的运雏车（温度保持 18℃左右）给用户运送，见图 2-17。

图 2-17　箱式运雏车

四、清洗设备

（一）清洗机

孵化场一般采用高压水枪清洗地面、墙壁及设备。目前有多种型号的国产冲洗设备，如喷射式清洗机（图 2-18），很适宜孵化场的冲洗作用。它可转换成三种不同压力的水柱，包括硬雾、中雾、软雾。硬雾用于冲洗地面、墙壁、蛋盘车、出雏车及其他车辆；中雾用于冲洗孵化机外壳，软雾可冲洗入孵器和出雏器内部。

图 2-18　喷射式清洗机

(二) 吸尘器

用于定期清除孵化（出雏）机及其控制柜、排气管道、墙角、天花板等处的绒毛、尘埃、蛛网等附着物（图 2-19）。

吸尘器按结构可分为立式、卧式和便携式。吸尘器的工作原理是利用电动机带动叶片高速旋转，在密封的壳体内产生空气负压，吸取尘屑。

图 2-19　吸尘器

五、水处理设备

孵化场用水量较多，而且有些设备对水的质量要求较高，必须对水质进行处理。在经常间断性停电或水中杂质（主要是泥沙）较多的地区，应有滤水装置。目前国内尚无孵化场专用的水软化设备，可选民用或工矿企业用的产品代替。

（一）滤水设备

图 2-20 为净水设备，其目的是除祛水中的悬浮微粒、胶体、微生物等。适用于养鸡场对地下水的预处理、净化等需求。

图 2-20　净水设备

（二）软化水设备

软化水设备，即降低水硬度的设备，主要除祛水中的钙、镁离子。其过程实现自动化的称为全自动软化水设备（图 2-21）。软化水设备在软化水的过程中，不能降低水中的总含盐量。

软化水设备按照其主要用途可分为软化除盐、电子除垢仪、过滤分离、锅炉软化、工业软化设备、食品软化设备、家用自来水软化设备等。

全自动软化水设备主要技术是让阳树脂吸附水中的钙，形成水垢的主要成分，降低源水的硬度，并可以进行循环使用。

图 2-21　全自动水软化设备

第三章 饲料厂建设关键技术

第一节 饲料厂场址选择

一、交通环境

虽然所要求的地基及预算中的地基费用很重要，但地基的费用和寻找理想的土质条件不应牵制厂址的选择，能够在两者之间做到较好的平衡，应该是选择的理想方式。场址选择在具有良好交通环境的地方能节省和提高饲料厂的运输效率。饲料厂最好也能远离居民区，而能离省道或高速公路入口或铁路站台、水路较近。

对于所有的饲料厂的生产来说，好的公路是至关重要的。因为饲料厂一般用卡车运进原料、运出所有或大部分饲料成品。应铺设好通往厂区及厂区内的所有道路。当考虑铺设道路时，应该参照重负荷路面，因为开车行驶、转弯和倒车时对道路的要求比一般路面高。

二、公用设施

电力是所选厂址首先要保证的公用设施。在一些地区，引入三相电力费用相当高。另外，某些地区的发电能力可能有限，发电厂会限制在输电线上作业的电动机功率。动力费用对工厂是一项主要的生产成本，必须进行调查研究。

水是锅炉、浴厕和消防所必需的，但如果得不到公用水，可以在场区打井。化粪池和排放场地最好与社会公用污水排放系统连接起来。

最好用天然气作锅炉的燃料。如果有好的燃油贮存设备和可靠的供应者，也可使用很耐用的燃油。

电话和传真对现代化饲料厂至关重要，这项服务要跟得上。

工厂建在消防设施良好的区域里是合算的。这可以减少保险费和对大型消防设备的需求。

三、用工资源

包括是否具有充足的用工劳动资源，合适的用工劳务支出等。选择受过良好训练的员工管理工厂进行生产，比选择价格高的设备更为重要。尽早选定人员的另一个好处是可以消除未来管理人员的不确定性。尽早选人使被选上的人能够参加到建厂计划工作中去，也会使其充分意识自己角色的重要性，今后的工作进展也就更为顺利。

四、地理环境

饲料厂址的选择要综合考虑各方面的因素，如是否具有较低的地质、自然灾害发生概率，以及排水性等。

政府对暴雨的泄洪和废水处理的新规定使核查厂址的排水和地质情况变得相当重要。厂区排水是否良好，暴雨泄洪系统是否完备，厂区是否会遭到洪水、河水和冰雪灾害，地下水位是否低于待建地下室标高，土壤承载力是多少，有无地质勘探的结果，对重负荷是否需要打桩，是否有带有厂区平面测量图的厂址地形图等。

空气污染—主导风。政府部门在空气质量方面作出了规定，饲料厂要建在远离居民区、城市商业区和郊区购物中心的地方。厂址要选在城镇主导风的下风向。

五、原料供应

在一些地方，由于存在特殊原料供应问题，需要做特别的考虑。在厂址附近可能有谷物仓库，这样就不需要那么多的贮存；或者附近有大豆加工厂的，副产品可以直接运到饲料厂。对这些特殊情况需要进行调查研究。

首要考虑的问题是原料接收的可靠性，是通过铁路、卡车还是船运输。在运输不可靠的偏远地区，饲料厂必须具有额外原料存贮能力，以避免运输延误导致工厂断料。

六、厂内占地规划

1. **卡车**　卡车占地用于如下几个方面：①上、下开车磅秤所用直线等待通道；②停放满载卡车及卸货所需空间，开出仓库的箱式卡车占地；③运送脂肪、糖蜜、燃料等的货车占地；④空车及其装货所需空间，不工作卡车的停车场，卡车维修及加油区。

2. **车间和仓库**　如果工厂具备现代化的高架仓设计，那么所需的空间相对较小。采用带锥形斗的立式料仓贮存散装原料占地面积相对较小。相反，利用平面仓储，需要的占地面积会大大增加。因此，在对工厂和仓库所需的空间作出合理估算之前，必须对结构设计和贮存需求拿出确定的意见。

3. **仓库、锅炉房、检修车间和液体贮罐**　仓库往往比其他单体建筑需要更大的空间。目前工厂正朝着散装进料方向发展，这样就减少了平仓储。但每个工厂对此项的占地面积都有各自的要求。锅炉、机修车间和液体贮罐需要的面积不大，可划在同一区域内。

4. **办公室和小汽车停车场**　如果只是车间办公室，那么它只需要较小的面积并且可以和车间结合在一起。另一方面，如果是带有销售、财务、采购、会议、员工活动设施、化验室和管理结构等的综合性办公室，那么它应该是和车间分开，并带有足够汽车停车场的独立建筑。

5. **发展余地**　选择没有发展余地的场地是错误的。计划得再好，大多数工厂将来还是要做一些不能预见的更改。因此，明智的做法是划出一块地皮供将来发展之需。

参考饲料厂主车间外景见图 3-1。

图 3-1　饲料厂主车间外景

第二节　饲料厂的布局与设计

新建饲料厂，需要对其进行一个详细的总体规划，因为总体规划是一个有效的工具，管理部门可以凭其在短期和长期内评估、实施和控制主要投资项目。

一个详细的总体规划需要包括加工能力分析文件和贮存能力分析文件。

工厂的基本图纸包括：工艺流程图、厂址平面图、设备布置图和立面图。其中设备布置图包括：地面层设备布局图、工作层设备布局图、屋顶平面设备布局图和料仓排列布局图。

列出设备、劳力和材料费用估算。

解释说明设计选择、分析过程和前期及建设工作。

总计规划是管理部门对一个工程的物质和财政方面的最初的考察。而设计工作已到了所有主要建筑和机械要素都被描述过了的阶段，就认为这个构想是可行的，并且可以把工程费用确定在±10％的范围内。

在饲料厂的总体规划得到确认和固定后，就要着手饲料厂的详细布局设计了。这部分内容包括饲料厂建筑布局和机械设备空间组成布局两部分。

一、饲料厂建筑布局

（一）饲料厂地基

对于混凝土建筑来说，最常用的基础形式是混凝土板，厚度0.46～1.22米，在一侧或上下两侧埋置预应力钢筋。板式基础也成为浮筏基础，浮筏基础浮在土壤上，分散土壤所承受的工厂的动荷载和静荷载，减少荷载集中点，一般来讲这是经济的基础。

深基础包括钢、木或预制混凝土沉桩。这些桩基础可以是端部挤压或摩擦桩。端部挤压桩可以打入坚实地基并在很强的承载力的地下层上承载；摩擦桩利用桩与土壤间的表面摩擦力保持在地下一定的位置并支持建筑荷载。将浇注在适当位置的沉箱基础或将带有一个空窝的钻孔铸模桩打入所需的深度，然后用混凝土灌注。

混凝土贮仓的动荷载和静荷载一般是钢板仓载荷的1～1.5

倍。钢结构厂房需要的基础比混凝土结构厂房要少得多，主要是因为它们的静载荷不同。

（二）地下室

地下室日趋成为一个常用的结构方案。把它作为保证主要工序能够在同一级水平面上进行的一种手段。地下室能够使操作加工更为紧凑，从而使操作者可以处理多项工作。饲料厂的地下室主要是用于饲料粉碎设备的安装，这样可以减少粉碎机工作时巨大的噪声对工作人员的影响，同时也在一定程度上降低了工作主车间的建筑高度。

（三）厂房建筑结构的选择

1. **混凝土结构厂房**　混凝土的物理特性使其可以塑造成几乎任何形状和外形，这为设计者在设计建筑外形上提供了比钢结构更大的灵活性。预应力钢筋混凝土具有较高的抗压、抗拉强度，并结合了混凝土和钢的优点，即耐久性、相对低的费用、抗自然侵蚀、可塑性和刚性。当施工适当时，连续的滑模建筑比分立式构件建筑具有更好的结构完整性。自地面而上，厂房基本上是一个单体或坚如磐石的建筑，展示了结构连续性的最佳样板。

2. **钢结构厂房**　从总体上说，钢结构厂房对抵御粉尘爆炸造成的主要结构破坏的能力较差，但可以经受住火灾的破坏（图3-2）。金属墙壁减少了外墙的粉刷及有害粉尘和水分在厂房横梁上的积存。

由于钢结构饲料厂组件的性质，饲料厂容易扩大。钢结构料仓一般应用在大型饲料厂。

（四）仓储容量

原料仓储在饲料厂初始投资中占有较大的比重，对现在的饲料厂来说也是一大笔附加费用。贮存的原料和贮存形式不同，料

图 3-2　钢结构厂房

仓建设的成本费用也不同。现代饲料厂的料仓建筑材料多为钢材结构，钢结构的料仓在建设和安装上比传统的钢筋混凝土加水泥板的建筑具有更高的建设效率和使用灵活性（图 3-3）。在设计阶段为了优化饲料加工厂原料仓容量，应根据配方的百分比和每天的加工量计算出每一种原料的最小贮存量。但是现实中需要综合考虑原料受长途运输时间和易变价格因素的影响，因此，在进行仓储容量设计时，一般设计容量都比实际产能略大些。

图 3-3　原料仓库

(五) 附属建筑

除了生产主车间外，还需要与之匹配的其他建筑用来安置工序和附属服务设施。主要为库房，一般情况下分为成品库房和原料库房，用来接收和贮存袋装原料，对产品进行装袋和贮存。原料库房存放的主要是用量较少、比重较大的原料。

库房可用预制混凝土件、砖石建造或使用预加工钢框架建筑。混凝土结构在高湿环境里应用很理想（图 3-4）。

图 3-4　成品打包车间

(六) 设备规格的确定

要计算出每个系统的生产率，以便确定每个系统需要的最大设备生产能力。这一数据在设计平衡的生产流程中是至关重要的，它需要根据配方的数目和成分、生产量、生产工序的数目和形式，需要特殊加工的产品比例及所定的工作时间来确定。

在计算得出生产能力后，再用一个效率系数，使其更接近于实际生产条件。必须根据实际生产中的类似配方和模具转换频率的时间损失因素、生产控制水平的时间节约因素和接料等特定生产的全部时间来确定这个系数。

1. 接收系统 从安全性、费用和后勤的角度出发，宜将原料接收系统设计成足以处理按每周5天、每天8小时工作制的全部运输量。

（1）散装原料 像玉米、小麦和其他粒状原料用自卸汽车经地磅称量后将原料卸到卸料坑。设计散装料接收系统时要注意是采用除尘并将粉尘返还到原料物料方案还是采用投资和能源费用较高的除尘方案，采用带有可调料门的浅型下料坑或底卸式汽车可以经济有效地控制粉尘。

（2）磁性去杂保护 所有散装料机械接收系统在原料开始提升前应装配磁性去杂保护。安装这些磁体能减少机械的振动并减少可能的火花以保护输送和加工设备不受破坏。常选用自洁磁体以确保持续的磁性去杂保护。

（3）大杂清除和筛选 接收主要来自当地农民的谷物的饲料厂，可以选择使用振动式或旋转式初清筛清除来料中过大的杂质或杂物。饲料厂的清理设备以筛选和磁选设备为主，筛选设备除去原料中的石块、泥块、麻袋片等大而长的杂物，磁选设备主要去除铁质杂质。

（4）袋装或桶装原料 袋装或桶装原料包括矿物质原料、液体蛋氨酸、油脂等。袋装或桶装原料的接收通常采用人工搬运或机械装卸机直接搬运入库。

（5）分配 可以用旋转式分配器和配备多个出料口或闸门的输送器完成向料仓分配原料的工作。就设备控制机构和运行费用而言，旋转式分配器较为便宜。也可以利用带有回风系统的分配器，这种分配器具有粉尘控制设施。

2. 粉碎系统 参考设备使用说明书，确定粉碎设备的大小，凭经验，使谷物的含水量、筛和锤片式粉碎机磨损程度以及谷物类型和需要更换筛片次数，可以确定粉碎设备的效率在50％～85％。

（1）磁性去杂保护　所有的锤片式粉碎机都需要可靠的磁性去杂保护以防止像螺栓、钢丝和小工具等进入锤片式粉碎机损坏筛片或打火。为避免粉碎机负载过大，必须控制进料量。最常见的是装有磁板的拨轮式喂料器，也可以利用磁板与螺旋式或输送带喂料器配合粉碎机加料。

（2）吸风　应认真考虑在粉碎机上应用辅助空气系统。该系统由风机和布袋式除尘器或旋风式分离器组成。其可以减少水分损失、热量和筛阻，使粉碎机生产能力提高15%。

（3）系统安装位置　粉碎设备安装在原料仓的下面直接进料。这种布局限制了粉碎设备的灵活性，因为直接从大的原料仓进料的粉碎机只有在该仓全部原料粉碎完后才能粉碎另一种料。现代饲料厂通过增加缓冲仓和分配器，能够大大提高粉碎机的利用效率和灵活性。但需要考虑和详细计算更换配件的时间和启动、停机的时长。

由于粉碎是一个动力作业过程，会有一系列特别的问题：粉尘积聚、噪声、热、排风、机械故障、爆炸和火灾的危险、还要便于维修。通常应安装在一个单独的工作间内，同时给粉碎机配备除尘和通风设备，以减少室内粉尘的浓度，通过增加一个缓冲仓和斗式提升机来提高系统的灵活性，减少工作间的清理作业量和有害影响。

3. **配料系统**　目前，大多数新建的饲料厂都采用计算机自动配料系统。

（1）配料秤　根据饲料类型和原料种类，一座饲料厂可能要有一台至数台配料秤。要求微量元素具有最大限度的精确度和生产率很高的饲料厂，应使用两台配料秤分别称量主原料和少量原料。

（2）微量元素配料系统　与饲料厂计算机联合使用微量元素配料系统是称量、控制和盘点少量昂贵原料的最佳手段。这种组合成套的装置由一系列原料箱、螺旋喂料器和称重原件组成。称重后，该装置的排料器将料送至混合器的缓冲仓里。一般以手工为微量元素原料箱加料。所有的原料都通过配料秤或通过微量元素配料系统进行添加，但应提供手工加料点作为应急措施。

螺旋喂料器是把原料从配料仓送到称斗的最常用喂料器，其喂料准确，且易于控制。

（3）称斗排气　配料系统的除尘和排气设计是严格的。微小的压力就会干扰称重并导致很大的累计误差。为了避免出现这种情况，一定要在称斗混合机和缓冲仓之间设排气口来保证空气畅通。另外一种排气或压力平衡的办法是，把称斗安装在一个密封罩里以保证内外压力始终相等。加密封罩后免除了对称斗进口和出口处的柔性连接，并且可以给密封罩连接吸风除尘系统而不会影响称重的准确性。

4. **混合系统**　在饲料生产厂里应用的混合机有 3 种：立式、滚筒式和卧式。由于立式混合机混合速度慢、效率低，而且在两个批量之间不能很好地清净物料，因而常被认为工艺技术不够好。滚筒式混合机利用装在滚筒上的叶片和翻转运动达到混合的目的。它需要的动力低，对某些类型的产品很适用，如预混料。卧式螺带混合机和桨叶混合机在现代饲料厂里最为常见。这是因为其投资少、动力消耗适中、速度快、效率高以及容易卸料，当安装了底部卸料闸门时，尤其如此。

在布置混合机时，应留有足够的空间用于拆卸螺带。另外，在总体设计上要便于将来拆除混合机和组件，并留有足够空间以便于用更大的机组进行替换。

5. **制粒系统**　在饲料制粒以前，应使粉料经过旋转式清选机和磁性去铁装置去除可能损坏或卡在制粒机模孔里的块料或整粒谷物和金属物。需要在制粒机上方安装两个缓冲仓来限制下料时间。每个仓的容量至少要容纳用于制粒加工的 3 个批量的混合饲料。

（1）调质　利用常规蒸汽的调质一般在一个水平槽内进行，

水平槽装配起来后很像一个混合器。调质器可以是一个单独的组件，也可以同制粒机喂料器结合在一起。

在进行建设设计和预算之前，应该确定蒸汽的发生方式。

（2）制粒机　制粒系统的效率变化很大，若只加工 3～5 种配方，其效率可高达 90%，并且可以运行几个小时。若加工产品种类多但产量小，制粒系统效率可能低于 25%。制粒系统的额定生产能力应等于或大于混合机的生产能力。

在确定系统生产率时，考虑在按一种新配方制粒之前用分配器将原来产品从制粒机清除出来所需要的有效时间是很重要的。压制的颗粒饲料从模孔内出来应落入冷却器，不应将热的颗粒提升上去。

（3）冷却　立式冷却器从上部装料，在两层“筛网”间形成两个柱体空间，空气从这里被引入并且穿过颗粒料层。如果颗粒料的质量不高，立式冷却器很容易阻塞。

卧式冷却器有从上至下 4 层独立的台面床面，空气由冷却器底座部的入口导入，向上并逐 穿过台面。

逆流冷却器与立式冷却器相似，进料口处装有拨轮式喂料器，底部有活门用以导入空气。

逆流冷却器的主要特点是价格相对较低、占用空间小，但逆流式冷却器不能扩展，并且对质量不高的颗粒料冷却效果不理想。

冷却过程需要大量的空气。因此，为了保证冷却效果，冷却器的安装位置一般在门窗的附近。

（4）颗粒筛选　颗粒经筛选去除细粉和碎粒，从而得到高质量的最终产品。一般把筛选器安装在仓顶上，位于紧接冷却器出料提升机出口的地方或在成品出料出口。筛选是一道选择性工序，系统中应包括一个旁路。

普通分级筛为振动式，颗粒经过一系列筛孔从大到小的振动摇摆的筛网，分离出颗粒和细粉。因为振动分级筛是一种动态作业设计，需要用绳索悬吊设备或吸振器以隔离振动。

（七）出料系统

1. **卡车出料**　代表着先进工艺技术的出料系统有三种基本形式：称料斗车、带有中间出口的输送器和装有布料器的集料输送器。

单台双向集料输送器间隔地设置很多个出料口，这些出口与饲料卡车的入口相匹配。操作者打开目标卡车箱，选择正确方向启动输送器，再打开成品饲料仓，给卡车装料。

2. **袋装**　有很多选项可用来评价装袋系统。例如，毛重与净重，手工和自动操作，打包称喂料器的类型，一台或多台称，料袋放置器和夹持器的类型，封口方式，自动还是人工堆码。

二、主车间设备工艺布置

（一）设备布置的一般要求

设备布置应满足以下要求：①要确保物流的畅通；②要满足设备操作、维护的需要；③要尽量减少垂直与水平运输次数；④要注意残留与交叉污染；⑤力求整齐美观。

（二）设备布置特点

主车间平面布置见图 3-5。

1. **汽车来料（玉米）**　接收装置置于室内，位于立筒库旁边，主要由汽车卸粮地坑、输送装置、清理设备和筒仓组成。玉米倒入卸粮地坑，经过埋刮板输送机、斗式提升机、圆筒初清筛、永磁筒、提升机、刮板输送机、立筒库来完成。

2. **卸粮坑上方设置栅筛**　用于清理玉米中的麻绳、大杂、土块等。栅筛尺寸可根据卸粮坑或接收料斗的尺寸配置。必须有一定的强度，栅筛离地面的高度一般为 1～1.2 米，这样既方便

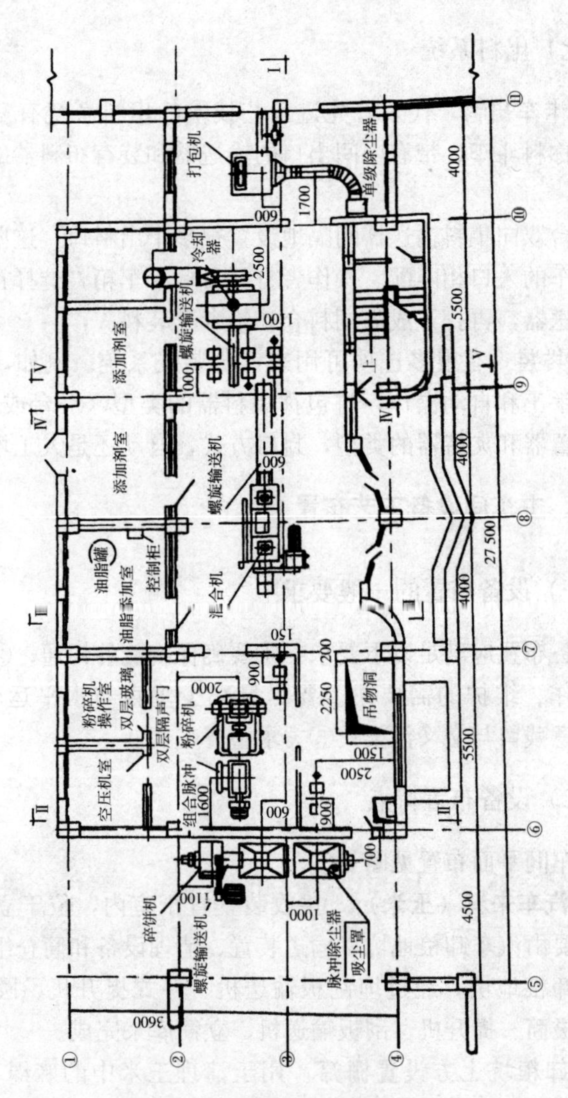

图 3-5　主车间平面布置示意图

翻斗车卸料，又可防止雨水流入卸粮坑。卸粮坑必须有足够大的体积，防止卸料堵塞，有良好的防潮措施。卸粮坑上部应设吸尘装置。埋刮板输送机置于卸料坑下方，其输送能力一般为实际输送能力的 4～5 倍。经过斗式提升机，提升的高度大约为 10 米，下面接圆筒初清筛，主要清理粮食中的大、中、小杂和轻杂。离地面的高度 4～5 米，旁边设有钢梯，方便人上去检查和维修。然后再经过斗式提升机，提升的高度大约为 31 米，主要根据立筒库的高度而确定。经过刮板输送机输入立筒库，埋刮板输送机为架空装置，机壳密闭，可以减少粉尘飞扬。采用两个立筒库，它们之间的间隙为 0.5 米，利于检查和维修，其顶部设有风机，利于通风，防止发生霉变。下面为锥斗式卸料，配有三条刮板输送机，可以实现倒仓系统。

3. 饼粕、粉料下粮坑　置于原料库内，采用单独的风网，经过埋刮板输送机。埋刮板输送机位于地下室内，然后经过提升机提升，经过圆筒初清筛，然后经过永磁筒。粉料经过斗式提升机的提升，经过圆锥粉料初清筛，然后经过永磁筒。

4. 清理间工艺设备布置的设计　应遵循以下原则：

（1）各种清理设备，必须按工艺流程布置在相应的楼层上；在多层车间内，设备布置时应尽量考虑减少物料提升次数。

（2）上道工序设备的物料流入下道设备时，要尽量多用溜管，不用或少用水平输送设备。

（3）相同的机器设备应尽量配置在同一楼层，以便于操作和管理。

（4）主要设备及设备的操作面，应布置在靠近窗户的一边，以便有良好的采光条件。

（5）机器设备应布置整齐，并保证有足够的安全走道和操作距离。按目前的设计要求：一般走道宽 1 000 毫米，主走道宽 1 500毫米；设备之间的横向走道宽 800 毫米。非操作面设备离墙距离和成组设备之间的距离为 350～500 毫米。为了便于更换筛面，在抽出筛面一边应留出足够的间距，SCY型圆筒初清筛为950～1 150毫米。

5. **待粉碎仓** 主体位于车间三楼，料斗部分位于车间二楼。待粉碎仓的各个侧面与墙之间都留有足够的距离。由于使用2台粉碎机，故设4个待粉碎仓，以便更换原料品种时，粉碎机不需要停车。

6. **粉碎机给料器** 位于车间二楼楼面，上接待粉碎仓来料，下面连接粉碎机。旁边留足够的空间，以满足检修需要。

7. **粉碎机** 承接待粉碎仓来料，位于车间一楼隔离粉碎室，使噪声隔离到最低程度，并且方便操作维修。沿垂直于粉碎机工作轴线方向应留有足够空间，以方便维修及工人操作，如开启两侧门更换锤片和筛片等，且要留有堆放筛片的空间。

8. **辅助吸风除尘系统** 系统位于隔离粉碎室，为独立风网。脉冲除尘器直接安装在螺旋输送机上面，可以节约空间，且工艺安排灵活、效果佳。考虑到整个粉碎室的面积和粉碎机的维修空间，摆放脉冲除尘器距离墙壁0.2米，顶部距离天花板约1.0米，方便安装维修及行人通过。

9. **粉碎机后螺旋输送机** 位于地下室，以钢架作支撑，进口连接粉碎机出料口，并与独立辅助吸风系统的脉冲除尘器的风口相连，出料口连接提升机。螺旋输送机要求闭风性良好，螺旋输送机旁边需要留足检修空间。

10. **粉碎机后斗式提升机** 机座位于地下室中，进料口衔接粉碎机后的螺旋输送机出料口，衔接段溜管要保证粉料自流角。提升机靠墙壁的一个侧面距离墙壁0.6米以上，其余三个侧面离墙壁距离较远，满足安装、周围操作及维修空间等方面的要求。提升机机座有100毫米防潮垫层；提升机避开窗口，以避免影响车间采光；提升机的布置不妨碍人员行走；机头与天花板距离为0.6米以上，方便开启顶罩操作维修，可设置一个操作平台，安装提升机的传动装置。

11. **旋转分配器Ⅰ、Ⅱ、Ⅲ** 吊挂于四楼天花板中，分别位于圆筒初清筛和圆锥初清筛下方配料仓群的上方，采用塑料溜管与配料仓连接。在空间上方便被粉碎物料和粉状物料经过初清磁选后借助重力自流通过分配器进入配料仓备用，在满足工艺要求的同时方便分配器的安装，无须外设支架支撑。

12. **配料仓** 料仓群主体位于主车间三楼，旋转分配器Ⅰ、Ⅱ、Ⅲ下方，基本靠墙布置，呈长方形排列，方便进料，在保证整齐、紧凑、节省空间的同时方便采用多台配料秤的配料工艺，料仓直体长 6 米；卸料口延伸至车间二楼，采用圆形卸料口，非对称出料，两次变化，料斗高 1 800 毫米，仓壁自流角为 65°，方便布置，减少出料结拱，便于配料秤进料，出口位置方便螺旋给料器的布置安装。考虑料仓结拱、磨损等因素，采用 3 毫米钢板制造成八角料仓，采用井字梁作为支撑，同时采用加强筋加固料仓，避免料仓发生变形。

13. **螺旋给料器** 位于配料仓卸料口处，为减少配料称重产生的波动，所有螺旋给料器同层布置，彼此间互不妨碍，平面位置已定，不能随便改动。为提高配料精度，减少空中料，尽量减小给料器与配料秤的距离。

14. **配料秤** 位于主车间二楼，配料仓群下方，两个配料秤并排排列，方便大小不同配比的原料分别进入大秤或小秤参与配料。配料秤靠墙一面离墙 1.4 米，尽量避开窗户，配料秤旁留有较大空间堆放需人工投放的原料及工人投料操作，留足校秤所需空间。配料秤需要接地，使高压静电从大地流走。尽量避开温度、湿度、震动、电磁的影响。

15. **小料人工投料口** 位于车间二楼、两个配料秤中间、主混合机上方。可以充分利用空间，可利用配料秤旁的空间堆放小配比原料，同时需要留出两名工人的操作空间。

16. **混合机** 位于一楼，配料秤下方，以钢架作支撑，方便经过称量物料依靠自身重力自流进入混合机，减少物料损失。要避免物料垂直进入混合机，以免造成粉尘飞逸。旁边留有存放油脂的空间及维修清理空间。混合机与配料秤间采用软连接，混合机进口需要设置滤气装置，下方设回风管并设置一个容积大于混合机的缓冲斗，以缩短混合周期内的等待时间及减少提升机容量，提高功效，减小粉尘。混合机排料口须留有取样口，为取样检验饲料提供必要的条件。缓冲斗嵌置于地坑中，出料口与刮板输送机相连。

17. **混合机下刮板输送机** 位于地下室，以钢架作支撑，衔接在缓冲斗下面，出料口与提升机连接。平行于地下室摆放，旁边留足维修空间。

18. **斗式提升机** 机座位于地下室，进料口衔接混合机后的刮板输送机出料口，衔接段溜管要保证粉料自流角。提升机距离墙壁 1.2 米以上，满足安装、周围操作及维修空间等方面的要求；提升机机座有 100 毫米防潮垫层；提升机避开窗口，以避免影响车间采光；提升机的布置不妨碍人员行走；机头与天花板距离为 0.6 米以上，方便开启顶罩操作维修，可设置一个操作平台，安装提升机的传动装置。

19. **圆锥粉料初清筛** 位于顶楼的操作平台上，承接混合机后面的提升机来料。机器两侧面留出 1.0 米操作维修空间，两端面留足人行通道，顶部留足除尘风管进出空间，方便工人在平台上操作。除杂口采用溜管连接延伸至操作平台下面。

20. **永磁筒** 位于圆锥粉料初清筛操作平台下面，安装在分配器上方，设有维修平台，方便工人开启永磁筒门进行清理。

21. **旋转分配器** 吊挂于四楼天花板中，位于待制粒仓上方。在空间上方便混合均匀物料经过圆锥粉料初清筛永磁筒后，借助重力自流通过分配器进入待制粒仓等处备用。在满足工艺要求的同时方便分配器的安装，无须外设支架支撑。

22. **间歇式油脂添加系统** 位于主车间一楼混合机旁，靠墙布置，方便油脂的运送。方便向混合机内添加油脂和油脂添加器加热系统蒸汽管道进出及疏水排水管道的布置。旁边留足空间存放一定量的油桶，同时留足工人操作检查维修空间，与混合机间隔1.0米左右，留出最少1.0米的通道，以方便运送油脂到油脂添加机。

23. **待制粒仓**　主体位于车间三楼，锥斗部分位于车间二楼。待制粒仓的各个侧面与墙之间都留有足够的距离。采用2个待制粒仓，以便换配方时制粒机不需要停车。

24. **制粒机**　制粒机位于车间二楼，基本上处于待制粒仓的正下方，物料进入制粒机之前必须经过高效除铁装置，以便保护制粒机。由于制粒的振动比较大，制粒机应尽量远离配料秤，以减少对配料的影响。制粒机一端应留有能够打开压制室的门的空间，以便检修和更换环膜。制粒机旁边应留有堆放油料的空间。

25. **冷却器**　位于一楼，直接安放在制粒机下方，有支架支撑。制粒机最好直接放在冷却器之上，这样，从制粒机出来的湿热易碎颗粒可以直接进入冷却器，避免颗粒破碎，省去输送装置。

26. **关风器**　进料口处应设一个关风器，冷却器周围也应留有检修空间。

27. **破碎机**　位于地下室，破碎机通常直接放在冷却器下面，经破碎后的颗粒料经提升机送到在成品仓上面的分级筛，以便细粉和筛上物回流或进仓都比较方便。

28. **斗式提升机**　机座在地下室，水平方向位于沙克龙和冷却器之间，便于物料的收集。提升机机头距顶楼天花板应有0.6米以上的检修空间，便于开启顶罩。

29. **沙克龙**　主体部分位于一楼，有支架支撑。最好是正对着冷却器的进风口。

30. **回转分级筛**　放置在顶层。与提升颗粒料的提升机之间的距离不宜过大，以避免提升机与分级筛之间溜管的倾斜角达不到要求。

31. **成品打包机** 成品打包应放在成品仓之后，不要把打包设备直接放在制粒机或分级筛后，以免因制粒机产量变化而影响打包设备的正常工作。打包机位于一楼成品库内，能方便成品的入库，减少运输的投入和运输过程中颗粒的破碎。打包机周围留足工人操作空间及堆放包装袋等物品的空间。

第三节 饲料厂各功能室建设设计

一座功能完善的饲料厂是由多个加工工艺单元组成的，这些单元具有独立运作和组合运作的能力。饲料厂建场规划的不同，这些功能单元的组合也有所不同，饲料厂的功能室建设应围绕整个饲料生产工艺的流程进行设计。本文中阐述的是中型饲料厂的功能单元建设设计方案。其功能单位包含：原料接收仓库（包括大型计量秤）、成品仓库、主原料贮存仓、生产车间（包括粉碎间、制粒间、混合间、称量与配料间，加工流程中的分级筛选与配料分配、采样间）。

饲料厂生产工艺流程如下。

原料的接收：散装原料的接收，包装原料的接收，液体原料的接收。

原料的贮存：筒仓料仓，房式料仓。

原料的清理：筛选设备，磁选设备。

原料的粉碎：一次粉碎工艺，循环粉碎工艺或二次粉碎工艺。

原料的配制，混合。

制粒→冷却→破碎→筛分。

计重和打包。

一、总平面设计及说明

根据生产性质，规模和工艺要求，结合场地条件，把工厂的建筑物、构筑物、运输道路、绿化等按照一定原则和要求，全面地科学地安排在场地内。一般饲料厂分为生产区、办公区、生活区、停车区、储藏区等。总平面设计对一个厂区的生产效率有很大的影响，所以前期对总平面的设计方案要考虑周全一些。设计方案一般具有以下特点：

建筑结构简洁，施工方便。

各功能车间通风、采光科学合理。如饲料厂生产车间采光等级为Ⅳ级。

工业线路通畅。

功能较全。

（一）主车间

采用框架结构。

1. **跨度**　楼梯间跨度设计为 4 200 毫米，配料混合跨度 9 000毫米，共 13 200 毫米。

2. **开间**　设计 4 个开间，分别为 6 000 毫米、6 000 毫米、5 000毫米和 4 500 毫米。

3. **墙壁**　采用厚 365 毫米的砖墙。

4. **楼梯设计**　设计为三折楼梯，带吊物洞，宽 1 000 毫米，扶手高 1 000 毫米，栏杆间距 150 毫米。

（二）原料库

1. **跨度**　采用五个跨度，每跨 6 000 毫米。

2. **开间**　设计 11 个开间，第 1 个开间 4 200 毫米，第 2 个开间 9 000 毫米，第 3 个开间 4 800 毫米，其他的都是 4 500 毫米。

（三）成品库

1. **跨度**　设计 4 个跨度，每跨 6 000 毫米。

2. 开间 设计11个开间，第1个开间4 200毫米，第2个开间9 000毫米，第3个开间4 800毫米，其他的都是4 500毫米。

（四）厂区道宽

（1）主干道≥6米，一般8～10米，取6米。
（2）消防道≥3.5米，一般4米，取3.5米。
（3）人行道≥0.75米，一般1.2～1.5米，取1.2米。

（五）坡度

（1）纵向坡度，a/b×100% 0.3%～0.8%。
（2）横向坡度，1%～2.5%。

（六）干道与建筑物的净距

（1）对无门墙而言，净距≥1.5米，取1.5米。
（2）对有门墙而言，净距≥3米，取3米。

（七）工程管线的布置

（1）地理深度，电缆0.6米，水管（进出口）1.5米。
（2）架空高度，横跨铁路≥5.5米，横跨汽车道≥4.2米。

（八）辅助建筑的布置

（1）变电所 ①应接近主车间（功率最大的车间）；②应便于高压线的引入；③应该避开尘源与火源。

（2）停车场 ①应设在厂的前区，方便车辆进出；②库前应设停车场；③应避开火源。

（3）食堂 ①不能设在生产区；②应设在锅炉房旁边；③应考虑排水的方便性。

（九）厂内运输干线的布置

（1）布置形式　①环行干道：可多方位装卸、不易堵车、快进快出，但占地面积大。②终端型干道：装卸点少、欠灵活、欠流畅，但占地面积小。

（2）管线走向：与建筑物平行或垂直布置。

（3）卫生与安全要求：①不同类型的水管不同沟位布置。②供水、排水管道不同沟，给水、排水管道均设计在地下。

二、建筑结构要求

厂区建筑主要是指原料库、成品库及主车间等建筑物基础工程的设计。其具体的规定可以参照《饲料厂工程设计规范》实行。

（一）原料仓库

仓库建筑的屋顶高度由建筑设计者根据仓库设计规范，根据现场情况确定。

1. 设计要求　①屋顶要防水、防热。②墙壁要求防水、防尘。③地面光滑，有防潮设施。④门的大小满足通风要求。⑤靠主车间的建筑要求有防火措施。⑥建筑结构的通风、采光要求按粮油工厂的设计要求设置通风机，保证仓内换气 2～3 次。

2. 原料库和成品库的结构　原料库和成品库的结构设计均采用钢筋混凝土框架结构，现浇屋面。

（二）主车间

采用五层框架结构厂房，层高分别为：顶篷 5.0 米，其余 6.0 米、6.0 米、6.1 米和 5.6 米，地下室一层，高设计为 3.6 米。

1. 辅助建筑　楼梯间、中央控制室等。

2. 建筑要求 ①地坑、地下室按图纸要求设计。②防水防漏按建筑标准设计，不允许有渗水现象发生。③门窗采光系数合理，避免阳光直射和眩光。④中央控制室应防潮，同时安装空调以保护机器；便于观察、操作和调度，宜贴邻生产车间；振动影响小、灰尘少；耐火等级不应低于二级。

3. 主车间结构 根据工艺设计，饲料车间的平面图为一个长方形。这样的设计主要是基于以下几个因素：设备的选型以及外形尺寸，料仓的数量和容量，工艺的布置，物料及成品的水平输送和处置输送，物料的自流等。主车间结构采用钢筋混凝土结构，这样的结构体系能够满足饲料生产的需要，也是目前饲料车间采用较多的结构，较经济。

（三）设计基础数据

1. 地质资料 有关资料由地质勘探部门提供。

2. 水文资料 有关资料由当地水利部门提供（提供该地区的最大地下水位）。

3. 气候资料 有关资料由本地的气象部门提供（提供该地区历史上的最大风力和最大雪压值）。

4. 相关资料 由政府部门或其他部门提供周边的相关矿藏分布情况等。

建筑材料要求：本工程所采用的建筑材料，如水泥、砂、石、砖、钢材和木材等均无特别的要求，其型号一般在市场上均能买到。施工时按照施工图的要求进行配料，可以达到设计的要求。

5. 建筑标准

（1）本工程建筑不会产生次生伤害，对防火和防潮必须采取一定程度的设计措施。

（2）防暴、防腐和防潮的要求 对高粉尘产生车间应严格控制粉尘浓度，遵循密闭为主、吸风为辅的原则。对生产中具有一定腐蚀性的原料在接收口或其他部件要采用耐腐蚀材料，减少原料因腐蚀而产生的化学变化。对饲料厂内原料或产品的存储场地均要求具备规定的防潮等级。

饲料厂的粉碎间是料仓采用轻质钢板结构的钢板库，要求设置专门的泄暴口。

（3）防火要求　建筑面积应符合国家现行《建筑设计防火规范》规定。

①饲料车间：生产的火灾危险系数为丙级，每层面积小于规定值，其中料仓占部分面积，同一时间生产的人数不能超过 13 人，所以设计上只采用了一个楼梯。该楼梯通向门的是甲级防火门，楼梯间的宽和防火间的宽度均大于 1.0 米。

散发可燃气体、可燃蒸气和可燃粉尘的车间、装置等，应布置在厂区的全年主导风向的下风或侧风向。

②原料库和成品库：原料库和成品库的面积不超过规定值，分为两个防火区，其间用防火砖墙隔开，并用甲级防火门连接。每个防火分区的面积不超过规定的值，安全出口树木不少于 2 棵。

液体类仓库，宜布置在地势较低的地方，以免对周围环境造成火灾威胁；若其必须布置在地势较高处，则应采取一定的防火措施（如设置截挡全部流散液体的防火堤）。

（4）防震要求　防震的资料，由国家防震部门提供最大的震级资料。根据国家地震局和建设部颁发的《中国烈度区划图》（1990 版），确定本次设计的防震等级。

6. **地基基础**　根据场地的地质勘察报告，对各建筑物的地基进行设计，根据现场情况进行决定采用条形地基、柱下独立地基、框架基础或是柱基。

7. **窗和门**

（1）窗　选用白色窗框料，无色钢化玻璃，铝合金镀锌不锈钢框架。一楼加防盗窗栏，这样与墙和门形成一体，增强了整体效果。寒冷或风沙大的地区，生产车间应为双层窗或密闭窗。

（2）门　车间大门的高度和宽度应满足设备最大部件的出

入，封闭楼梯间应设能阻挡烟气的双向弹簧门，高层工业建筑的封闭楼梯间的门应为乙级防火门，防火隔断墙应采用甲级防火门并能自行关闭。

三、原料库和成品库设计的方法

（一）原料库

原料库的设计要保证工业生产的连续性、稳定性和原料搭配的需要。其中原料库的主体是房式仓。

房式仓有平房仓、拱形仓、薄壳仓等几种形式。房式仓占地面积大，原料进出仓实现机械化比较困难，劳动强度大，但造价低，因此一般中小型厂大都建房式仓。

房式仓容量计算：房式仓宽度为7.5米以上时，容积的计算公式为：

$$Q=[A\times B\times h+(A+a)(B+b)(H-h)/4]\gamma\times K(t)$$

式中：Q——房式仓散装容积（吨）；

A——仓库长（米）；

B——仓库宽（米）；

H——料堆中央高（米）；

h——料堆边缘高（米）；

γ——料堆容重（吨/米^3），玉米 $\gamma=0.75$，稻谷 $\gamma=0.58$；

K（t）——仓容量的系数（0.82～0.78）；

$a=A-2(H-h)\text{ctg}\alpha$；$b=B-2(H-h)\text{ctg}\alpha$；$\alpha$ 为原料自然坡度角。

房式仓宽度为7.5米以下时，按下式计算：

$$Q=A\times B(H+h)\gamma K(t)/2$$

（二）成品库

1. 成品库的位置 成品库一般与打包车间衔接，另外还应与专用线站台或码头等发放系统相连接。组合形式可以与生产车间同轴，也可以与生产车间相垂直。

2. **成品库的仓容和建筑面积**　成品库的仓容按库存时间长短而定，一般库存 3～10 天。

3. **总的仓容量**　按下式计算：

$$E=TQ_1 \text{或} E=Q_2/(t*\psi)$$

式中：E——总仓容量（吨）；

T——库存时间（d）；

Q_1——饲料工厂生产能力（吨/天）；

Q_2——饲料工厂生产量（吨/年）；

t——饲料工厂全年生产天数（按 250 天计算）；

ψ——成品发放不均匀系数，取 $\psi=0.1\sim0.4$。

4. **成品库建筑面积**　按下式计算：

$$F=100E\times f/n\times q\times \eta$$

式中：F——成品库建筑面积（米^2）；

E——总仓容量（吨）；

f——一包饲料或玉米的占地面积；

n——饲料包堆高数（包）；

q——粮包的重量（kg）；

η——成品库面积的利用系数，取 $\eta=0.4$。

（三）原料库和成品库占地面积

由上式可计算原料库占地面积为：$Q_{原}=49.5\times30=1\,485$米^2。

成品库占地面积为：$Q_{成}=49.5\times24=1\,188$ 米^2

四、建筑材料及要求

墙面及门窗材料及尺寸要求见表 3-1、表 3-2。

表 3-1　墙面及门窗材料

序号	名称	耐火等级	基础	内外墙	承重结构	层面	建筑安装	备注
1	饲料车间	二级		365 厚基砖墙	梁柱	柔性防水带保温层	外墙：面砖 内 墙：106 内墙涂料	含裙脚
2	成品库	二级			钢筋混凝土柱	彩色夹心板	外墙：面砖 内 墙：106 内墙涂料	
3	原料库	二级			钢筋混凝土柱	彩色夹心板	外墙：面砖 内 墙：106 内墙涂料	
4	食堂	二级	条形基础	砖墙	水泥	柔性防水带保温层	外墙：丙烯酸涂料 内 墙：106 内墙涂料	
5	锅炉房	二级	条形基础	砖墙	水泥	柔性防水带保温层	外墙：丙烯酸涂料 内 墙：106 内墙涂料	
6	配电房	二级	条形基础	砖墙	水泥	柔性防水带保温层	外墙：丙烯酸涂料 内 墙：106 内墙涂料	

表 3-2　门 窗 表

编号	洞口尺寸（毫米）	数量（个）	备注
M1	3 000×4 200	8	轻钢推拉门
M2	1 200×3 000	5	木门
M3	1 200×2 400	1	塑钢玻璃门
C1	3 000×2 700	16	塑钢推拉窗
C2	2 000×2 700	16	塑钢推拉窗

第四节　饲料厂的加工设备

一、粉碎设备

加工的目的是通过改变原料的物理特性，从而改善原料的混合性能或者提高其营养成分的可利用性。饲料加工厂需要加工的最普通的原料是谷物。原料粉碎的主要目的是增强可消化性和提高混合均匀度，有利于制粒、挤压等进一步加工。

（一）锤片式粉碎机

常用的锤片式粉碎机由卧式转子总成和金属壳体组成（图3-6）。转子总成包括轴和数片圆形锤架板（最外层锤架称为边板）。转子上装有数排锤片（又称刀片），锤片由钢板制作，用一个或两个冲孔。锤片穿在销轴上，销轴又穿在锤架板上，这样锤片位置就被固定了。如果锤片两端有孔，当一端磨损后，可调头使用。全圆式筛和半圆式筛安装在转子周围。筛孔直径依粒度要求而定。破碎杆位于全圆式筛的底部；齿板位于半圆式筛的上部。原料的进口通常位于机壳顶部，出口位于机壳下部。导流板装在进料口下方、锤片上方。负压吸风系统可安装在其他地方，通过管道和粉碎机相连，从而在粉碎室产生负压。

图3-6　锤片式粉碎机

锤片式粉碎机的缺点是需要较大的电动机、启动装置、接线、吸风系统和安装复杂的物料运输系统。

（二）对辊式粉碎机

对辊磨用于普通饲料原料的加工已有多年历史。对辊磨通常按其应用的类型分类。破碎谷物和其他多纤维原料的称为破碎机。在饲料加工中，两对对辊磨的辊速不同（一个压辊比另一个压辊转速快），可用于粉碎多种纤维谷物原料、颗粒成品、油料籽粒和肉类副产品及其他饲料成分。所有的对辊磨都有一个机架、壳体和在操作中能使压辊压紧的作用力。机架必须坚固结实，保证运转时能将压辊安全定位，还要便于维修保养。通常，一个压辊固定在机架上，另一个压辊是活动的，可以调整压辊之间的间隙。调整间隙应能做到方便快捷，调整时必须保持压辊之间的平行度。通常使用螺栓、凸轮或液压装置实现调整功能（图3-7）。压辊齿（也叫做压辊切槽或沟槽）有多种形式，这取决于

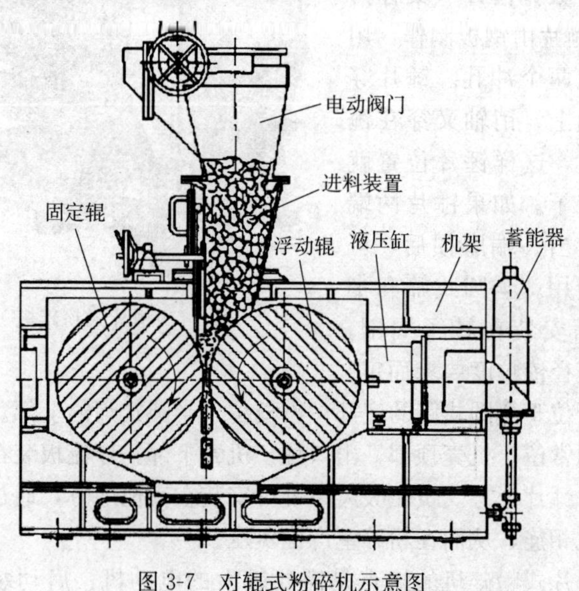

图 3-7　对辊式粉碎机示意图

被加工物料的特性、起始和最终粒度、产品的质量要求（细粉含量）。粗齿加工粗颗粒，生产效率高；细齿加工细颗粒，生产效率低。

根据不同的作业要求，压辊以不同的速度运行。破碎用低速辊，其圆周线速度为 304.8～670.6 米/分，压辊之间无速度差异。大多数对辊磨在使用时，需要一种能在整个工作面上均匀下料的喂料装置。最简单的喂料器是可调节的滑动闸门。一般，采用辊式喂料器（带可调喂料门的低速转动辊）能较好地控制喂料速度，还能保证料流平稳。

对辊式粉碎机的缺点是设备投资成本高，换辊时间长，需要备用辊。

二、计量与分配设备

计量和分配设备属于整个饲料厂控制损耗和提高效益的一个关键部位。计量设备的选择、设计与布局是一个饲料厂生产的关键。因此，主要围绕计量设备与分配设备进行阐述。

（一）原料称量地磅

人工称重系统有多种类型，最简单的就是磅秤（图 3-8）。袋装组分称重后，人工加入混合机。磅秤可以是杠杆秤或子盘秤。现在使用的秤大多数为带重量显示的负荷传感器，称重既快捷又准确。

（二）悬挂式配料秤

配料系统中最常用的是悬挂式杠杆秤，由于电子秤可靠性好、灵敏度高、称重速度快，易与其他部分连接，现已被广泛采用（图 3-9）。作用在传感器上的负荷只使传感器产生很小的偏转，该偏转改变了传感器的电阻值，电阻值的变化就转化成重量读数或转变成信号输入计算机以控制称重过程。

图 3-8　地磅秤

秤斗悬挂于杠杆或传感器下，必须是自由悬挂。秤斗应有足够的容量。

现代化饲料厂多采用多秤系统，以此来提高配料的精度和速度。多秤系统的优点是可以尽量减少称量量程的变化，提高秤的准确度，延长秤的使用期限。

图 3-9　配料秤

（三）成品打包秤

不管哪种类型的秤，定期标定是必不可少的。秤的标定需要专业的检定人员来进行，同时厂内的质控人员或监督人员要定期进行常规检查，并保存好检查记录。图 3-10 为自动打包秤。

图 3-10　自动打包秤

（四）分配器

旋转分配器是一种能够自动调位并利用物料的自流输送到预订部位的装置，是一种由一点向多点供料的远距控制设备，它具有结构紧凑、定位快速准确、进出物料速度快、机械自锁结构、占地空间小、稳定可靠等特点，且能自动清理机内积尘，具有预置仓位，自动显示等特点，操作维修方便，广泛用于原料进仓及中间产品进入配料仓，是饲料、制粉等行业理想的配套设备。见图3-11。

图 3-11　各种类型分配器

三、混合设备

间歇式混合系统使用的混合机有几种类型，但最常用的是立式螺旋混合机和卧式混合机（环带式或桨叶式）两种。近来，转筒式混合机应用呈增长的势头，在较小的粉碎、混合系统或专用的饲料生产线尤为显著。

选择混合机规格时，应考虑下列因素：①需要的生产率；②原料和混合料的容重；③液体添加量；④位置和空间限制；⑤需要清理的程度；⑥混合机的性能参数。

虽然混合机的大小常以重量描述，但设计时是依容积进行计算的。在选择和使用混合机时，混合料的容重是一个关键数据，批次的大小根据容重确定。

有许多因素影响混合性能。所有的混合机安装后都应进行测试，以确定混合时间，以后还要做常规测试检查混合性能。

（一）立式混合机

许多小型饲料厂和养殖场饲料间使用的都是普通立式螺旋混

合机（图 3-12）。混合机的提升螺旋可以是一条，也可以是两条。两条螺旋能提升更多的物料，从而加快了混合过程，同时也可增加液体添加量。缺点是若设计不好可能在底部存在死角。立式混合机的优点有：价格较便宜；安装费用比卧式少；占用空间小；混合作用较强，混合时间较短，最终的混合质量较好。

图 3-12 立式混合机

（二）转筒式混合机

转筒式混合机具有较高的混合均匀度，且下料完全，但因混合量有一定限制，多应用于小型饲料厂或养殖场进行预混料的生产混合（图 3-13）。

（三）卧式混合机

卧式双螺带混合机是饲料工业最常用的混合机（图 3-14）。它在翻动和混合物料的同时能使物料从一端运动到另一端。这种

图 3-13 转筒式混合机

混合机一般设置一个或几个卸料口，有的还配有全活底门。一般允许加入 5%的液体。卧式混合机可以装配桨叶来提高其掺入液体的比例。目前，大多数卧式混合机均配备了缓冲料斗和初清、终清设备（电磁振动设备），通过与这些设备的配套使用能有效提高卧式混合机的混合效率。

图 3-14 卧式混合机

废弃物处理场建设关键技术

近年来，随着家禽规模化养殖的迅速发展，粪便过度集中、冲洗污水增加和病死鸡处理不合格等问题日益突出，养殖场废弃物污染给农业生产和农村生活环境带来巨大的压力，逐渐成为制约我国生态养殖发展的主要问题。废弃物处理场是养殖场的重要基础设施，也是目前国内外用以防止养殖场废弃物污染、保护环境的重要措施之一，在控制空气、水、土壤等污染方面发挥着重要作用。

第一节　废弃物处理场的建场要求

一、废弃物处理场选址总体原则

废弃物处理场场址选择应符合养鸡场的总体规划要求（近期规划和长远规划）和城市环境卫生专项规划要求，综合考虑工程地质与水文地质、环境保护、生态资源，以及城市交通、基础设施等因素，以保证总体的社会效益、环境效益和经济效益。应在养鸡场内选择不少于 1 个备选场址，并由有关部门参与选址工作，或及时征求有关部门的意见，经过多方案比较和环境影响评价后确定。

二、废弃物处理场选址需考虑的因素

（一）因地制宜、选择理想的粪便资源化利用方式和模式

养鸡场的废弃物主要包括粪便和病死鸡。养殖户要了解粪便

和病死鸡处理的相关技术、粪便利用的不同方式和模式，结合自身的经济实力、禽场规模（化粪池、氧化塘、沼气池等的面积）和征地面积，选择理想的技术、方式和模式，进一步评估废弃物处理场的占地面积，从而确定废弃物处理场的建设设计。

1. 粪便处理技术

（1）干燥处理法（物理处理法）　畜禽粪便的干燥处理技术主要有日光自然干燥、高温快速干燥、烘干膨化干燥、热喷处理及机械脱水干燥。

①日光自然干燥：在自然和棚膜条件下，利用日光能进行中、小规模养禽场粪便干燥处理，经粉碎、过筛，除去杂物后，放置在干燥的地方，可供饲用和肥用。该法有投资小、易操作、成本低等优点，但处理规模小、占地面积大，易受天气影响，且干燥时易产生臭味，氨挥发严重，干燥时间长，肥效较低，可能产生病原微生物与杂草种子的危害。

②高温快速干燥：是采用煤、重油或电产生的能量进行人工干燥。这种干燥方法的优点是不受天气影响，能大批量生产，干燥快速，可同时达到去臭、灭菌、除杂草等效果。但存在一次性投资较大、能耗较大、烘干机排出的臭气会产生二次污染以及处理温度高、肥效差等缺点。

③烘干膨化处理：利用热效应和喷放机械效应两个方面的作用使畜禽粪便膨化、疏松，既除臭又能彻底杀菌、灭虫卵，达到卫生防疫和商品肥料、饲料的要求。该法一次性投资较大，耗能较多，成本较高特别是夏季保持鸡粪新鲜较困难，大批量处理时仍有臭气产生等，从而导致该项技术的应用受到限制。

④热喷处理：热喷处理是将已干至含水率16%～30%的禽粪，装入压力窗口内，经短时间的低、中压蒸汽处理，然后突然减压至常压喷放，所得的热喷物料已不含虫菌，且细碎、膨松、无臭味，有效提高了有机物消化率，既可直接用于饲喂，也可进一步干燥、配混、制粒。因此，这是目前比较成熟的适宜于大批

量将禽粪转化为再生饲料的技术。

⑤机械脱水干燥：采用压榨机械和离心机械进行禽粪的脱水，由于成本较高，仅能脱水而不能除臭，故效益偏低，目前应用并不广泛。此外还有超高频电磁波（微波）处理，也能使水分迅速蒸发和杀灭细菌。

（2）除臭法（物理除臭、化学除臭、生物除臭） 从预防的角度出发，可在饲料中或禽舍垫料中添加各类除臭剂；在粪池安装浅层曝气系统以减少臭气，添加适量的饲料添加剂，降低禽舍中的氨气浓度；在禽舍内撒放消臭剂等。

禽粪的除臭技术从机理上分主要包括物理除臭、化学除臭及生物除臭，具体技术措施有以下几个方面。

①吸收法：使混合气体中的一种或多种成分溶解于液体中，依据不同对象采用不同的方法：

◆液体洗涤：对于采用耗能烘干法处理禽粪产生的臭气的处理，常用的除臭方法是水结合化学氧化剂，如 $KMnO_4$、NaOH等，该法能使硫化氢、氨和其他有机物有效地被水汽吸收并除去，该法存在的问题是需进行水的二次处理。

◆凝结：堆肥处理禽粪时排出臭气的去除方法是当饱和水蒸气和较冷的表面接触时，温度下降而产生凝结现象，这样可溶的臭气成分就能够凝结于水中，并从气体中除去。

②吸附法：将流动状物质（气体或液体）与粒子状物质接触，这类物质可从流动状物质中分离或贮存一种或多种不溶物质。其中活性炭、泥炭、沸石粉是目前使用最广泛的除臭剂。

③氧化法：畜禽粪便的化学处理主要是利用化学物质与畜禽粪便中有机物进行化学反应。氧化法包括加热氧化、化学氧化和生物氧化三种。

◆加热氧化：在有足够的时间、温度、气体扰动紊流和氧气的情况下，较易氧化臭气物质中的有机或无机成分，能彻底破坏臭气。此法能耗大，应用受到限制。

◆化学氧化：如向臭气中直接加入氧化气体。但成本高，无法大规模应用。

◆生物氧化：在特定的密封塔内利用生物氧化难闻气流中的臭气物质。

④掩蔽剂法：在排出的气流中可以加入芳香气味以掩蔽臭气或与臭气结合。

⑤高空扩散：将排出的气体送入高空，利用大自然稀释臭味，适宜用于人烟稀少的地区。

（3）生物发酵处理法　生物发酵处理法具有成本低、发酵产物生物活性强、肥效高、易于推广等特点，同时可达到除臭、灭菌的目的，因而被认为是最有前途的一种禽粪处理方法。发酵法分为厌气池、好气氧化池与堆肥3种方法。

①厌气池发酵法：厌气池即沼气池，是利用自然微生物或接种微生物，在缺氧条件下将有机物转化为二氧化碳与甲烷。其优点是处理的最终产物恶臭味减少，产生的甲烷可以作为能源利用；缺点是氨挥发损失多，处理池体积大，而且只能就地处理与利用。我国各地均有采用沼气池处理禽粪的做法，但受一次性投资过大、沼气池长期效果受温度影响较大、冬季产气量小、夏季产气量大、集约化畜禽场远离居民区等方面的制约，使沼气的利用遇到困难。

②好气氧化池处理法：在有氧条件下，利用自然微生物或接种微生物将有机物转化为二氧化碳与水。其优点为池的体积仅为厌气池的1/10，处理过程与最终产物可以减少恶臭气；缺点是需要通气与增氧设备。为了完善禽粪好气处理技术，减少处理中氨的损失与臭气，目前应用于鸡粪处理的生化技术主要是好氧发酵：即在供氧条件下，微生物迅速繁殖，使物料温度逐渐升高至70～80℃，鸡粪中的有机物料被氧化、分解，释放出硫化氢、氨等气体，并使部分非蛋白氨转化为可消化蛋白，因而发酵后可得到无臭、无虫（卵）及无病原菌的优质有机肥料和再生饲料。

③堆肥法处理：堆肥法处理禽粪是目前应用广泛而最有前景的方法之一，是禽粪无害化、安全化处理的有效手段。它是利用好氧微生物将复杂的有机物分解为稳定的腐殖土，不再产生大量的热能和臭味，不再滋生蚊蝇。在堆肥过程中，微生物分解物料中的有机质并产生 50～70℃的高温，不仅可使粪便干燥降低水分，而且可杀死病原微生物、寄生虫及其虫卵。腐熟后的禽粪无臭味，复杂的有机物被降解为易被植物吸收利用的简单化合物，成为高效有机肥。

禽粪的堆肥处理方法主要包括传统的自然堆肥法和棚式堆肥发酵法两种：

◆自然堆肥法：自然堆肥法是将固体粪便及添加料（谷壳、锯木、秸秆等）堆成长 10～15 米、宽 2～4 米、高 1.5～2 米的条垛，在气温 20℃、15～20 天腐熟期内，将垛堆搅拌 1～2 次，起供氧、散热和发酵均匀的作用，此后静置堆放 3～5 个月即可完全腐熟。为加快发酵速度和免去搅拌的劳动，可在垛堆底设打孔的供风管，用鼓风机在发酵期内强制通风，此后静置堆放2～4个月即可完全腐熟。该堆肥方法成本低，但占地面积大、腐熟慢、处理时间长、效率低、易受天气影响，还会产生难闻的恶臭，污染环境，由于氮的挥发而降低肥效。

◆棚式堆肥法：棚式堆肥是把含水率 70%以下的鲜粪堆放在塑料大棚或日光温室内，用搅拌机往复行走，用鼓风机强制通风排湿，一方面利用其中的好气菌使粪便发酵，一方面借助太阳能、风能使堆肥得以干燥。通常经过 25 天左右，含水率降至 20%以下，发酵温度可达 70℃，可以把大部分的病菌、寄生虫及其虫卵杀死，成为无害化的有机肥料。这种方法可处理含水分较多的粪便，又充分利用了生物能、太阳能和风能，处理成本低，若在堆肥中加入高效发酵微生物如 EM（有效微生物菌群）或化学调理剂，调节粪便中的碳氮比，控制其在适当的水分、温度、氧气、酸碱度下进行发酵，可减少氨基酸的挥发，缩短堆肥时间，控制恶臭的产生。

2. 病死鸡处理方式

（1）烧煮炉或炼油炉处理　像处理家畜尸体那样，新死的鸡也可以炼制成肥料或其他产品。炼制温度必须达到灭菌的程度。同时，对处理尸体各个环节的器具均应清洗、消毒，防止携带病原。

（2）焚尸炉处理　焚烧是杀死传染性物质的最可靠方法。对于小范围的病死鸡，可自己购置焚尸炉，这样便于养禽场及时对病、死禽进行处理。但应避免在燃烧时出现空气污染。

（3）掩埋沟处理　对于一次死亡禽数量大，或经济效益承受能力较差的养鸡场，在目前我国环境法规尚允许的条件下，可挖一深沟掩埋病死禽尸，这样其他动物就不会吃到。因存在对环境的潜在污染，目前不鼓励采用此法。

（4）分解坑（或分解池）处理　对少量死亡和正常淘汰的鸡，可采用分解坑处理。

（5）堆肥场处理　利用需氧菌、嗜热细菌成批处理家禽尸体。堆肥的方法是较传统死禽处理方法更为有效的一种方法，特别适用于地下水位接近地面的地区。

3. 粪便利用方式　畜禽粪便是宝贵的资源，含有大量的氮、磷等营养物质。我国自 20 世纪 70 年代以来，全国各省相继开展鸡粪等畜禽粪便开发利用的研究工作，积极推进畜禽粪便资源化利用。通过技术处理，将畜禽粪便变废为宝，主要有三种途径。

（1）用作肥料　畜禽粪便中含有大量的有机质和氮、磷、钾等作物生长所需的营养物质，是宝贵的有机肥源，施于农田后有助于改良土壤结构，提高土壤有机质含量，促进农作物的增产。畜禽粪便经堆放发酵后就地还田作为肥料使用，是充分利用农业再生资源较有效、经济的措施。过去一家一户饲养，畜禽粪便量少易存放。但随着规模化畜禽养殖的发展，畜禽粪便日趋集中，量大难存放，加上粪便的产生与农业使用存在季节性的差异，畜禽粪便的还田利用率日趋减少。另外由于我国农业化学工业的迅速发展，大量的化肥上市，基本代替了传统的农家有机肥，由此大量的粪便得不到充分利用，造成极大的浪费。在这种情况下，必须寻找新的出路。在有些地方，如北京、上海等地区已陆续兴建了一批畜禽有机复合肥生产厂，采用烘干法、微波法、膨化法等新技术生产高效优质的有机肥。

（2）用作饲料　通过青贮、发酵、机械化处理、热喷处理等方法对畜禽粪便进行加工处理，除臭、灭菌、脱水、提高利用价值和贮藏性，可充分利用畜禽粪便中的营养物质。畜禽粪便既含有丰富的营养成分，但又是一种有害物的潜在来源，它主要包括病源微生物、化学物质、有毒金属等。故必须经过某些技术处理，杀死病源菌等，同时应使其便于贮存、运输。技术处理方法一般有高温快速干燥法、分离法等。

（3）用作燃料　畜禽粪便转化成能源主要有两种方式。一种是直接燃烧，这种方法适用于草原上的牛、马等动物粪便。一种是通过厌氧消化工艺转化获得沼气。利用厌氧发酵法将粪便污水进行发酵产生沼气，是目前畜禽粪便无害化处理、综合利用最有效的方法之一。这种方法不仅可提供清洁的新能源，而且还可达到资源的多级利用，即“三沼”产品的综合利用：沼气可直接为农户提供能源、气肥等，沼液可直接肥田、养鱼等，沼渣制作高效优质有机肥等。

4. **粪便利用模式**　经过多年的研究、探索和实践，畜禽粪便处理的生态工程不断发展和完善，形成了不同的生态利用模式。从各地实践来看，主要有三种利用模式：

（1）“种—养”结合型模式　“种—养”结合型模式就是将畜禽粪便直接施入土壤，提高土壤肥力，实现粮食高产、稳产。这是我国农村最普遍的、最简单、最原始的畜禽粪便利用模式，其在现代生态农业中仍具有不可忽视的积极作用。

（2）"养——养"结合型模式　近年来，模拟食物链发展"养——养"结合型的畜禽粪便利用模式，逐渐进入成熟的应用阶段。如"猪——粪——蝇——蛆——鸡——粪——猪"食物链，实现了良性循环的高效生态农业；以畜禽粪便作鱼饵料，鸡、兔、牛粪喂猪，猪、牛粪培育蝇蛆，还可用作蘑菇培养料，等等。这种"养——养"结合型生态模式，只要用少量的投资，进行一定的技术培训就可实现，既解决了畜禽粪便对环境的污染问题，又能获得明显的经济效益，效果较好。

（3）"沼气型"综合利用模式。2001年以来，江苏省在苏北地区实施"一池三改"（建沼气池，改厨、改厕、改圈）生态家园富民工程项目。一是改善了农业生态环境，通过"一池三改"，农村畜禽粪便、生活污水以及有机垃圾实现了资源化利用，从根本上改变了农村的生产、生活环境，农民生活质量得到了明显的提高；二是促进了农业增效和农民增收，通过"一池三改"，推广"猪（鸡）——沼——菜（果、茶、渔、粮）"等生态农业技术模式，既为农村生活提供了优质的清洁燃料，也促进了安全无公害农产品的生产，进而推动了农村循环经济发展；三是促进了农业结构调整，通过"一池三改"，不仅解决了农户人畜粪便的污染问题，也为农业生产提供了急需的优质肥料。

（二）全面规划、分期实施、处理好近期建设与远期规划的关系

废弃物处理场建设涉及面多、一次性投资较大。必须在对未来进行科学的、客观的预测基础上，进行全面规划，结合近期经济发展状况和环境保护要求分期实施。同时，还要考虑在近期或长期发展规划中是否采用污水回用模式、预留后期建设用地和回用水输水管道等。要综合考虑废弃物处理场的设计年限以及与设计年限相适应的城市人口、经济状况、耕地面积及城市化水平等因素，使废弃物处理场的建设在质和量、空间和时间上与城市化

水平和养殖场规模相协调，在设施服务水平和服务能力上与养殖场建设进程同步。

（三）以防为主、提前进行工程地质条件勘察

废弃物处理场建设前，应请相关建设单位对养鸡场内的拟建废弃物处理场的场地进行地质勘查，对土质类别、冻土深度、最大湿限深度、黏土层承载力、抗震设防烈度、厌氧反应器和沼气贮气柜承载力等进行测定，出具相关勘察报告，为设计、建造贮粪池防渗设施提供依据。一般来讲，鸡粪贮存设施要有防止粪液渗漏的措施，以免污染地下水；粪便贮存设施要求池底和池壁有较高的抗腐蚀和防渗性能；地上的贮粪池要实现地面水泥硬化；地下的贮粪池，不管是土制还是混凝土制，都要做好池底的防渗防漏措施。一般做法是将池底部的原土挖出一定深度，然后用黏土或混凝土等一些具有较高防渗性能的建筑材料填充后压实。通过对备选场址的勘察比较，可以有效减少建场成本。

（四）防污在先，做好环境保护评估

从规划角度而言，废弃物处理场选址一般要求位于养鸡场区下游（养鸡场位于城市规划区下游），以尽量依靠地形坡度和重力流收集鸡场污水，节约污水收集运行费用。此外，应注重规划收集范围的管道走向、水量布局、实施期限等情况，确定最优厂址。废弃物处理场距鸡舍越远对鸡的环境卫生影响越小，其处理粪便的成本越高，中水的成本也越高。因此，一般要结合财政实力和运行总费用考虑，不应简单将废弃物处理场设置于养鸡场的最下游。

从环保角度而言，粪便贮存设施选址应根据当地有关要求和规定，远离湖泊、小溪、水井等水源地，以免对地表水造成污染，如美国艾奥瓦州要求粪污贮存设施距离农业用水井的距离大于 150 米，距小溪、河流的距离大于 60 米；加拿大要求

粪便贮存池的建设选址需考虑对地下水的影响，其地下水深、洪水发生可能性、土壤渗透性等应符合规定；我国相关法律规定贮存设施的位置必须远离各类功能地表水体（距离不得小于400米）。

根据有关规范，畜禽废弃物未经无害化处理不得排放。因此，通常粪便贮存设施的建设地点应设在养殖场内相对比较空旷、偏僻的地段上，这样既便于粪便从舍内收集后向贮存池的运送，又不与粪便管理无关人员接触。为了避免贮粪池对生产和生活的影响，在场区内选址时还要遵循如下原则：①由于粪便在贮存过程中会产生臭气，尤其是无任何覆盖措施的贮粪池，所以选址要考虑风向和邻里概况，应尽量远离居住区，并位于居住区常年主导风的下风向或侧风向处。②贮存设施与周围各种建筑物之间的距离应满足相关的规定，与鸡舍相距过近容易导致蚊蝇、鼠雀在鸡舍（包括料槽、水槽）与粪便之间的往来，也容易导致来自粪便的有害气体、附着有微生物的灰尘进入鸡舍，这些都会给鸡群健康和生产带来不良的影响。③避免运输粪便的道路（从鸡舍到贮存池）与运输种苗、饲料、蛋的通道交叉。④避免将贮存池建在陡坡上，以免地面径流将会对养殖场及周围环境造成影响。

第二节　废弃物处理场建设设计

在进行总体布置时，根据生产工艺、运输、防火、环境保护、劳动卫生、施工和生活等方面的要求，结合场区的地形、地质和气象条件，按照规划粪污处理量，对所有建筑物和构筑物、管线及运输线路等进行统筹安排，力求做到布局合理、紧凑、用地少、建设快、投资省、运行安全、经济和检修方便。

一、总体规划

（1）场区、功能分区及建筑物、构筑物的外形规整。

（2）项目的平面布置要靠近鸡场的下风向。

（3）废弃物处理场用地应距当地饮用供水采水源较远，一旦渗漏不会污染地下水源。

（4）占地面积应留有扩建余地，由于工程建设具有非常大的不确定性，要求厂址周边留有一定扩建余地。

二、平面布局

（1）项目的平面布局应遵循因地制宜、合理布局的基本原则。项目建设所在地理位置是该养鸡场的最低处，便于污水的自流收集，其他设施根据功能和生产实际需要合理布局，如沼液池设于喷灌的高处，便于沼液喷灌。

（2）按功能分区，合理确定场内道路线路及宽度。如为粪便和病死鸡的转运建设专用水泥道路，确保参观和运行人员的进出不影响种鸡场的防疫。

（3）根据工艺流程合理布置建构物，尽量缩短各个工序间的距离，以减少不必要的运输过程和由此产生的污染物散落。

（4）功能分区内的各项设施的布置要紧凑、合理，建设设施均采用少占地的合理布局，从而节省工艺管道和建设造价投入。

（5）废弃物处理场与鸡舍之间应保持合理的距离，尽可能避免禽粪厌氧反应前产生的臭气和设备噪声对鸡的健康造成不利影响。

（6）根据后期建设工程需要，预留后期建设设施接口（如中水回用的管道接口等）。

三、环境保护

（1）废弃物处理场的合理布局能够有效降低对周围环境敏感

点的影响。

（2）根据环境评价的要求，留有足够的卫生防护距离。

（3）保持场区干净整洁，对粪便和病死鸡的转运专用道路及时打扫，减少散落污染物的污染。

（4）充分利用场区内非建筑地段及零星空地进行绿化以改善环境质量，绿化隔离带能够防止有害气体、噪声对周围环境的危害，有效减轻对居民生活环境的不良影响。

四、工程地质勘察

根据建设方提供的工程地质勘察数据，建设符合建筑业规定标准的设施，如厌气发酵池底部和侧壁上必须建造密封层；粪便贮存池应将池底部的原土挖出一定深度，然后用黏土或混凝土等一些具有较高防渗性能的建筑材料填充后压实。

五、安全防范

（1）满足消防要求，保证生产人员的安全操作及疏散方便。

（2）结合场区干道和停车场构成主要交通系统，同时满足场区的消防要求。

（3）废弃物处理场的一般建筑按建筑防火分类要达到五类。

（4）废弃物处理场最好设置在鸡场一面或者一角，对排水、防火都有利而无害。

第三节　废弃物处理场各功能区域建筑设计

一、粪便处理区

以15万羽蛋鸡场为例，每羽蛋鸡每天排放鲜粪0.15千克左右，该鸡场每天排放蛋鸡粪总量为150 000只×0.15千克/天/只=22 050千克/天，按98%回收计算为22 000千克，即22吨左右。

（一）配套沼气发电工程建设

主要建设工程如表 4-1。

表 4-1　主要建设工程汇总

序号	主要工程项目名称	体积/面积（米²/米³）	结构
1	鸡粪池	30～50	全部钢砼结构
2	沼液贮存池	50～80	全部钢砼结构加保温
3	厌氧反应器（含保温层）	1 000～1 200	全部钢砼结构加保温
4	田间沼液贮存池	1 200～1 500	内设防渗膜地面土地
5	门卫值班房	20～30	砖混墙，钢砼屋面
6	动力机房与电控室	50～80	砖混墙，钢砼屋面
7	综合办公室	80～100	砖混墙，钢砼屋面
8	发电机房	120～150	砖混墙，钢砼屋面
9	有机肥加工与库房	280～320	砖混墙，钢砼屋面
10	双膜沼气贮气柜基础	40～60	150 道碴垫层，200 素砼
11	道路	1 200～1 500	150 道碴垫层，200 素砼
12	晒场	1 200～1 500	150 道碴垫层，200 素砼
13	新建围墙	300～500 米	基础 1.3 米、高 2.2 米
14	3m 型钢制作平进粪大门	一套	方钢制作 3×2.2 米
15	4m 型钢制作平开大门	一套	方钢制作 4×2.4 米
16	绿化	2 000～3 000	木本与草木比例 1∶6 配置

1. **工程概况**　根据处理工艺的要求，沼气生态工程一般包括：雨污水分流建筑系统、厌氧反应处理系统、综合利用系统三大主要工程设施。

雨污水分流建筑系统分别建设雨水沟和污水沟，达到雨污水分流的目的。

厌氧反应处理系统工程　建设内容主要为集粪池、鸡粪提升机房、平推流厌氧反应器、配电泵房间和鸡粪进出料装置等。前处理的集粪池、鸡粪提升机房及平推流厌氧发酵罐等建造的一整套处理的构筑物，以降解 CODcr，BOD5 和 NH_3-N 指标。

粪污水处理产沼工艺采用目前先进的高浓度平推流厌氧发酵

工艺，该工艺具有占地面积少、CODcr去除效率高、耐冲击能力强、管理维护方便等特点。

综合利用系统　包括沼气净化贮存利用、沼液贮存利用等设施。经厌氧反应产生的高热值、清洁、安全的可再生能源——沼气，可用于沼气发电。经厌氧反应后的沼液经过固液分离的固体沼渣晒干粉碎后作有机复合固肥和饲料添加剂；经固液分离的液体——沼液，必须全部回收利用起来，达到全面综合利用不污染环境为目的。

2. **设计荷载标准值**　荷载标准值见表4-2。

表4-2　荷载标准值表

类　别	荷　载
不上人屋面荷载	0.5千牛顿/米^2
基本风压	0.55千牛顿/米^2
基本雪压	0.2千牛顿/米^2
抗震设防烈度	7度
Ⅲ类场地抗震等级	3级

3. **主要建筑材料材质和强度等级**　主要建筑材料材质和强度等级见表4-3。

表4-3　材料材质和强度等级

序号	项目名称	设计使用年限（年）	抗震设防烈度（度）	地耐力要求（千牛顿/米^2）
1	鸡粪集粪池	50	7	80
2	沼液贮存池	50	7	80
3	厌氧反应器	50	7	80
4	田间沼液贮存池	20	7	80
5	门卫值班房	30	7	80
6	动力机房与电控室	30	7	80
7	综合办公房	30	7	80
8	发电机房	30	7	80
9	有机肥加工及库房	20	7	80
10	双膜沼气贮气柜基础	30	7	80
11	围墙、晒场、道路	30	7	80

4. 地基与基础　地基基础设计等级为二级；生产用房采用天然地基；厌氧反应器与沼液池荷载80千牛顿/米^2。

5. 建筑物、构建物抗震设防及设计参数　建筑物结构安全等级为二级，建筑物重要性分为丙类，抗震设防烈度为7度，设计基本地震加速度值为0.15g，设计地震分组为第一组，场地类别为江苏Ⅲ类场地，罐体抗震等级均为三级。水池构筑物的腐蚀性分级为中级。水池防水等级为二级。

6. 主体建筑工程设计

（1）鸡粪集粪池设计　鸡粪集粪池将起到收集鸡粪，暂存、去杂、提升供厌氧发酵产沼的作用。

结构为地下深埋2米以内的池内2米×2米×2米+6.8米×5.1米×1米手枪型砖混池，池底为钢砼地板，池底采用一砖砌体加钢砼圈梁，池底设渗沥槽，使污泥沥干后送有机肥厂制有机固肥。池内侧采用防水砂浆粉刷。

（2）沼液贮存池设计　经厌氧反应产生的液肥必须全部回收利用起来，通过沼液固液分离机将沼液中固体物分离出来制作有机固肥，用以灌溉农田、养育果林、道旁绿化或泵压给附近蔬菜基地喷灌、渗灌，不造成环境二次污染。

结构为站内60米^{3}沼液贮存池一口，池底、池体、池顶均为抗渗钢砼承重。

（3）厌氧反应器设计　畜禽尿污水的CODcr、BOD5和NH_3-N指标均较高，经厌氧反应后，大肠杆菌等病原体基本被杀死，有机负荷也大大下降，成为具有较好肥效的液体肥料。因此，厌氧处理是大中型牧场沼气工程必不可少的一道重要环节。

根据该种鸡场的水质、水量以及地形状况等，厌氧反应器的设计采取平推流厌氧反应器一座的地面全混合平推流式厌氧反应形式，水力滞留期控制在23～30天为宜。

结构为池底、壁、顶均为钢砼承重，池底、体、顶均为抗渗钢砼，池底、顶外加做保温设施。

（4）站外沼液贮存池设计　为了确保厌氧处理过的肥液全部用于还田，防止雨季、冬季、不用肥季节肥液不流入水体，须设置田间贮存池。一般采用地面土池加防渗膜，既经济又实用，又能确保暴雨和不用肥季节池内污水不外溢，贮存池应有一定贮存量，一般贮液期 90 天以上，贮存池需综合考虑防渗，合理确定。因贮存池是地面池，高于地面，农田用肥时只需开阀便可自流，省工省运行费，远距离需喷灌，需采用污水泵加压，运行费用也很低。运行中必须经常关注池内存液，雨季前必须尽池，尽量少存，以防雨季溢出造成水体污染。

结构为 1 200 米^3 半地面沼液简易贮存池，池底－0.5 米采用压路机压实、池堤采用推土机推制分层压实、池内底壁采用抗渗膜垫底，以防渗漏。

（5）生产用房设计

①门卫值班房：单层房屋，采用转砌体承重，现浇钢砼结构盖屋，基础为砼条基，用于门卫值班。

②动力机房与电控室：单层房屋，采用转砌体承重，现浇钢砼结构盖屋，基础为砼条基，用于安装污水泵与配电总柜等设施。

③综合办公房：单层房屋，采用转砌体承重，现浇钢砼结构盖屋，基础为砼条基，用于化验分析、办公等设施。

④发电机房：单层房屋，采用转砌体承重，现浇钢砼结构盖屋，基础为砼条基。用于安装两台 80 千瓦发电机、输配电、沼气阻火及热交换系统等设施。

⑤有机肥加工及库房：单层房屋，采用转砌体承重，现浇钢砼结构盖屋，基础为砼条基。用于安装有机肥加工设备及库房等设施。

（二）配套鸡粪无害化处理工程建设

主要建设工程如表 4-4。

表 4-4　主要建设工程汇总表

序号	主要工程项目名称	体积/面积	结构
1	物料场地	1 200～1 500 米^2	砖混墙
2	发酵槽	1 200～1 500 米^3	全部钢砼结构
3	晾晒车间	1 200～1 500 米^2	砖混墙
4	粉碎制粒车间	300～500 米^2	砖混墙
5	附属用房	150～300 米^2	砖混墙

1. **工程概况**　在鲜湿的鸡粪中添加发酵剂、除臭剂和调理剂，并置于专门建造的发酵槽中，通过 15～20 天的发酵，使之达到灭菌、除臭等要求并使水分由原来的 75%下降到 50%以下，再经过 1～3 天的晾晒风干，使水分进一步下降到 15%以下，然后进行粉碎，制成无臭、无菌、能广泛应用于各种农作物和花卉、果树、蔬菜等的优质颗粒肥料。将调理、除臭和保肥三者统一起来，使粪便在处理过程中不仅达到了消毒、除臭和脱水的目的，同时也减少了氮素的损失，为鸡粪制粒质量提供可靠保证。通过鸡粪无害化处理，不仅可使鸡粪污染环境的问题得到彻底解决，而且还使原来几乎无用的资源得到了充分利用，实现了化害为利，变废为宝的双重目的。

2. **工艺流程**　工艺流程见图 4-1。

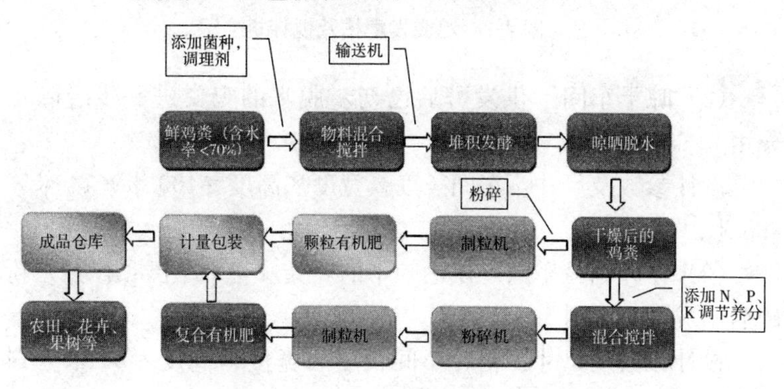

图 4-1　工艺流程图

3. 主体建筑工程设计

（1）鸡粪发酵槽　本装置供待处理鸡粪发酵、灭菌、除臭用。

设计参数与尺寸：例如根据本公司鸡粪处理的规模，确定 4 只鸡粪发酵槽长×宽×高=80 米×2.5 米×1.4 米。

结构：池底为钢砼地板，池底采用一砖砌体加钢砼圈梁，池底设渗沥槽，使污泥沥干后送有机肥厂制有机固肥。池内侧采用防水砂浆粉刷。见图 4-2。

图 4-2　鸡粪发酵槽及搅拌机

（2）晾干车间　供发酵后已初步脱水的鸡粪进一步脱除水分用。

设计参数及尺寸：车间长度×宽度×高度=100 米×14 米×2.8 米。见图 4-3。

（3）粉碎制粒车间　供已晾干的鸡粪（含水率已<15%）粉碎后制成颗粒肥料。

设计参数及尺寸：粉碎车间长度×宽度×高度=25 米×14 米×2.8 米。见图 4-4。

图 4-3　鸡粪晾干车间

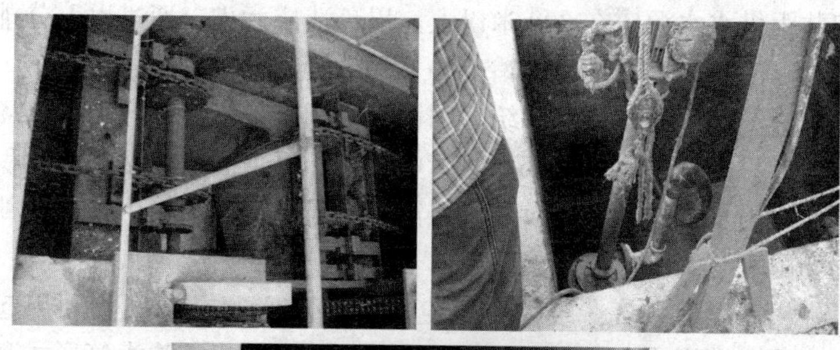

图 4-4　粪便处理区

二、污水池

（一）工程概况

根据处理工艺的要求，沼气生态工程的给排水一般包括：鸡场雨污分流系统、沼气站内的给排水系统、沼液喷灌系统等三大主要工程设施。

鸡场雨污分流系统：场内污水、雨水应分开排放，设置主、支排水沟，排水沟的宽度和深度可根据地势和排水量而定，沟底、沟壁应夯实，暗沟可用水管或砖砌，如暗沟过长（超过200米），应增设沉淀井，以免污物淤塞，影响排水。但应注意，沉淀井距供水水源应在200米以上，以免造成污染。通过以上分排方式以削减污水处理总量，节约工程投资及运行费用。

沼气站内的给排水系统：因沼气站用水量不大，且距种鸡场不远，只需从种鸡场自来水总管中接入即可。因沼气站用地面积不大，雨水排放不单独设计，只需将少量屋面雨水集中排放到种鸡场雨水总管中即可。

沼液喷灌系统：经厌氧反应后的肥液必须全部回收利用起来，用以灌溉农田或泵压给附近果蔬基地以喷灌、渗灌等形式利用，达到全面综合利用不污染环境的目的。

（二）设计内容

1. 主体建筑设计 建筑设计满足养殖场的功能要求，并满足当地的建筑风格。各建筑物造型简洁美观、选材恰当、位置和朝向合理，并使建筑物和构筑物群体的效果与周围环境相协调。车间与装置区的建（构）筑物在建筑造型上尽量与鸡场建筑造型相协调，体现现代建筑的特色。

全沼气站建筑物的风格为造型简洁的现代建筑，主体厌氧发酵反应器均采用钢筋混凝土结构，外加聚塑苯保温和彩色压型钢板围护结构，小型建（构）筑物采用混凝土框架结构或砖混结构。

2. 雨污分流设计

（1）根据工艺要求在相应部位设置给水点；

（2）种鸡场区内的粪污水直接收集至每棚舍的集粪池中由运粪车运至沼气站；

（3）沼气站内屋面雨水收集排至室外种鸡场雨水管网；

（4）沼液作为有机液肥必须全部采用DN100-150HBPE管道或泵压给附近蔬菜基地和农田用于喷灌、渗灌，达到全面综合利用不污染环境的目的。

3. 雨水排放设计

（1）屋面雨水、地面支沟、利用原来雨污混流沟渠，种鸡场的雨水设格栅和沉砂池，雨水通过格栅沉砂后排入排水沟，沉淀污泥采用全封闭形式自流进集水池；

（2）雨水排放总沟采用明沟排水形式，应按周围水体分布情况采用多个就近排出口系统布置；

（3）雨水排水的水力计算按国家有关标准进行，沟线布置和断面结构形式按现场地形、地质和水力条件来确定。

4. 液肥喷灌设计 为了使液肥用于农田喷灌，一般田间地下设置DN100至DN150的6千克HDPE压力管，每50米左右设喷灌消火栓一组，配200米左右消防水带和消火喷枪，便于液肥喷灌、还田，不造成二次污染。

（三）配置土地

为了使液肥用于农田喷灌，不造成二次环境污染，种鸡场必须保证液肥还田的配套土地面积，以确保液肥全部还田，走“农牧结合、种养结合、综合利用”的道路。

（四）管道材质

（1）冷热水管应选用符合环保及安全要求的三型聚丙烯

PPR 塑料冷热水管，热熔连接；

（2）室内排水管选用 UPVC 聚氯乙烯管，并具有好的排水能力；

（3）水嘴采用陶瓷片密封水嘴；

（4）水表口径 DN100，水表埋地制；

（5）消防管选用热镀锌管材及配件；

（6）沼气站内工艺管道采用碳钢管和不锈钢管；

（7）沼液田间喷灌管道采用 DN100—150HDPE 压力管；

（8）余热利用管道采用 DN40～65 不锈钢管加保温套管；

（9）沼液田间喷灌采用 SS100 消火栓。

（五）安全防范

室内按规定配置手提贮压式干粉灭火器，室外工程设消火栓。

三、病死鸡处理室

（一）工程概况

养鸡场常用的病死鸡处理方式包括焚尸炉处理、掩埋沟处理和分解坑（或分解池）处理。

焚尸炉处理是针对小范围的病死鸡，用焚尸炉焚烧，以免在燃烧时出现空气污染。掩埋沟处理针对尸体处理量大或经济承受能力较差的养鸡场，反向铲挖成一个深而窄的沟，把当天收集到的死鸡投放在里面，然后覆盖。分解坑（或分解池）处理针对少量死亡的正常淘汰鸡，也可以修建较大而粗放的坑，但必须注意位置，不能污染供水，坑顶或边墙不能塌方，动物不会向坑内打洞，蝇和其他昆虫不能侵入，最重要的是儿童不会跌落进去。顶盖必须用胶纸或塑料封闭。

（二）主体建筑设计

1. 焚尸房

（1）概况　焚尸房主要为处理因传染性疾病死亡的鸡只的场所，主要设施为焚化炉。

（2）结构　多采用砖混结构的墙体，水泥地面和彩钢瓦屋顶，具体建筑尺寸应依据焚尸炉设备来具体设计。焚尸房要能够进行消毒处理，同时烟气的排放要符合国家或地方制定的防止大气污染条例的规定。

2. 掩埋沟

（1）概况　掩埋沟主要为小型鸡场处理部分死鸡的场地，是最简易直接的处理方式。

（2）结构　掩埋沟的选择主要是远离鸡舍，处于整个场地最偏僻的位置，掩埋沟深度多达距离地表40～50厘米为适宜，防止被其他动物刨食。

对少量死亡的正常淘汰的鸡，也可以修建较大而粗放的密封分解坑，但必须注意位置，不能污染供水，不能塌方，动物不会向坑内打洞，蝇和其他昆虫不能侵入，最重要的是儿童不会跌落进去。顶盖必须用胶纸或塑料封闭，必须能支持0.67米厚泥土的压力。地下水水位较浅的地方，挖地下坑不太方便时，可选用建立于地面的堆肥场。

3. 分解坑或分解池

（1）概况　分解坑或分解池主要用于处理少量死亡的正常淘汰的鸡，属于粗放型密封分解坑。

（2）结构　多采用混凝土结构，可防水、防塌方，顶盖用胶纸或塑料封闭，用泥土掩盖。

4. 堆肥法

（1）概况　堆肥房是处理死禽最受欢迎的选择之一，经济实用，设计并管理得当，且不会对地下水和空气造成污染。

(2) 结构　以 10 000 只种鸡的规模，需建造 2.5 米高的建筑，该建筑地面采用混凝土结构，屋顶要防雨，至少分隔为 2 个隔间，每个隔间不得超过 3.4 米^2，边墙要用 5 厘米×20 厘米的厚木板制作，既可以承受肥料的重量压力，又可使空气进入肥料之中，使需氧微生物产生发酵作用。

第四节　废弃物处理设备

一、粪便处理设备

我国规模化养鸡始于 20 世纪 70 年代中期，鸡粪处理技术的研究始于 70 年代末。尽管我国在这一领域的研究工作起步较晚，但由于养鸡业的迫切需要，加上有大量的国外经验可以借鉴，因而进展较快。鸡粪加工处理技术的研究取得了很多成果，许多鸡粪处理技术和设备在实际生产中得到推广应用。应用较多的鸡粪处理设备主要有：鸡粪发酵设备、鸡粪烘干设备及其他处理设备。

(一) 鸡粪发酵设备

1. **塑料膜覆盖鸡粪发酵堆**　这种方法适于鲜鸡粪较为干燥的鸡场，利用废旧塑料薄膜覆盖鸡粪，并用绳索固定，经过一段时间自然发酵后，可杀死粪中病菌。

2. **沼气发酵装置**　这种方法适用于处理含水量较高的水粪，厌氧发酵产生的沼气可作为居民生活用气，也可以烘干沼渣生产肥料。但一次性投资较大，直接经济效益低，难于收回投资。

沼气细菌是厌气性细菌，所以沼气发酵过程必须在完全密闭的发酵罐中进行，不能有空气进入，沼气发酵所需热量要由外界提供。

每只成年鸡每天排出的鸡粪发酵可产沼气 6.5～13 升，沼气的热值约为 23 450 千焦/千克。1 万只鸡的鸡粪发酵年产沼气的热量相当于19～38吨标准煤。

我国养鸡场的沼气厌氧发酵工程一般由固液分离、厌氧消化、沼气输配和沼液利用四部分组成。主要装置和设施有：水力筛网固液分离器、预处理酸化池、计量池、一级厌氧罐、二级厌氧罐、氧化沟、生物净化池以及气水分离器、脱硫塔、储气柜、阻火器等。图4-5为某蛋鸡试验场沼气工程工艺流程图。

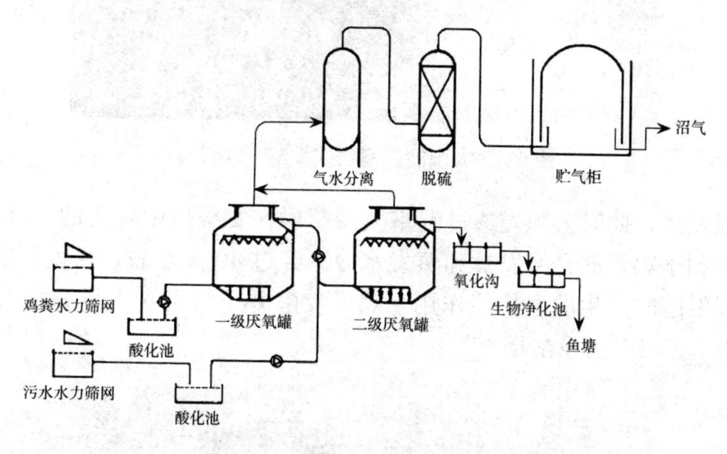

图4-5　沼气工程工艺流程图

3. 发酵干燥装置　将鸡粪发酵同时去除水分的处理设施。这种方法是20世纪80年代随着世界性的能源危机而出现的，主要目的是降低能耗。以日本太阳能温室槽式发酵干燥设施和塔式发酵干燥装置为代表。这种方式生产成本低，但产品含水量高并含有调节水分用的辅料，质量不如高温快速干燥（图4-6）。

这种设施由自走式搅拌机、通风机、发酵槽（长60～90米、宽6米、深1米，槽两侧壁上部有导轨）和覆盖在整个发酵槽上由玻璃钢或塑料薄膜制成的太阳能温室组成。

将水分调节到65%以下的鸡粪，每天按预定生产能力不断送入发酵槽的进料端，在自走式搅拌机翻动作用下，鸡粪缓缓向出料端移动，同时供给鸡粪足量的氧气，使鸡粪在有氧条件下升

图 4-6　太阳能温室槽式发酵干燥设施

温发酵，此时太阳光透过温室大棚照射在发酵槽中鸡粪的表面，有利于鸡粪的升温发酵和蒸发水分。经过 40 天左右，在太阳能和发酵时产生的生物能作用下鸡粪发酵并干燥到含水量 30%以下。图 4-7 为发酵槽。

图 4-7　发酵槽及搅拌设备

鸡粪利用发酵过程中自身产生的热量将水分降低至 30%，再通过搅拌设备能有效降低含水量到 20%。

其工作原理是：利用微生物在有氧条件下生长和繁殖，对鸡粪中的有机和无机物质进行降解和转化，产生热能，进行发酵，使鸡粪容易被动植物吸收和利用。由于发酵过程中产生大量热能，使鸡粪升温到60～70℃或以上，再加上太阳能的作用，可使鸡粪中的水分迅速蒸发，并杀死虫卵病菌，除去臭味，达到既发酵又干燥的目的。

（二）鸡粪烘干设备

1. **舍内干燥设施**　在鸡舍内采取一些技术措施，使湿粪尽可能在舍内蒸发干燥的处理方法。具体做法是：在乳头式饮水器下加防滴漏水杯或水槽，不让饮用水混入鸡粪；设置输粪带、风机和管道，从舍外吸进新鲜空气，吸收鸡体散热（或辅助加热）变为暖空气，再强制通风，穿过输粪带小孔，进而使鸡粪干燥，鸡粪脱水幅度可达40%～50%。

2. **低温风道式连续干燥机**　美国生产的一种速度可调的八层输送带风道式干燥机，每层之间有热风通道，输送带上方设有摆动钉齿耙，翻动并破碎鸡粪，使鸡粪干燥。

3. **分批密封干燥机**　瑞典研制的一种全封闭的分批干燥机，可防止鸡粪干燥时臭气外泄，以油、沼气或木屑为燃料，在105℃温度下连续运转，蒸发后的水蒸气经冷凝管排出。已有24小时可处理湿粪0.8～64米^{3}的系列产品。

4. **太阳能大棚干燥设备**　太阳能大棚干燥设备主要利用粪便发酵产生的生物热和太阳能所给予的热量。可以采取人工铺粪，也可以采用机械铺粪，人工铺粪适于小规模养鸡场，投资少，简单易行，见图4-6。

5. **快速高温干燥设备**　快速高温干燥设备多为回转筒式，有单筒、双筒或多筒组合式，这种工艺的特点是：不需晾晒即可将鲜鸡粪一次烘干，杀虫灭菌彻底，不受天气、季节、地域限制。缺点是燃料消耗大。快速干燥鸡粪设备见图4-8。

该设备以高效燃烧炉产生的洁净烟道气为烘干介质，采用顺流烘干工艺，将湿鸡粪喂入滚筒破碎干燥机内，鸡粪被回转筒上

图 4-8 鸡粪快速烘干机

的抄板抄起至一定高度后落下，在撒落过程中不断受到高速旋转的破碎装置的强力撞击，物料的表面不断更新，表面积扩大，热耗率大大降低。

干燥过程中热烟气初始温度为 600℃，湿粪第一阶段干燥温度为 500～600℃，迅速使粪表面水分蒸发；第二阶段干燥温度为 200～350℃，粪内水分不断分层蒸发；第三阶段干燥温度为 100～150℃，可进行粪便的消毒，最后出口端粪便温度为40～60℃，并在气流输送时进一步冷却，最终含水量为 11%～13%。

我国采用的直接干燥法多为高温快速干燥，图 4-9 为鸡粪快速烘干成套设备。

成套设备的主机是内带破碎装置的回转圆筒干燥器——滚筒破碎烘干机。

鲜鸡粪经定量喂料器、提升机、进料螺旋进入滚筒破碎烘干机。在引风机的作用下，燃烧炉产生的高温烟气介质呈负压状态经进风管进入烘干机。烘干机滚筒转动时，内壁上的抄板将物料不断抄起到一定高度再撒落，物料下落过程中被高速旋转的破碎装置打碎，与烘干介质充分接触迅速蒸发水分，干燥鸡粪颗粒由排料螺旋排出，并经除杂筛、冷却输送器，由计量包装机包装成

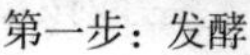

第一步：发酵

第二步：烘干

第三步：造粒

图 4-9　鸡粪快速烘干成套设备

袋。烘干尾气经除尘器初步净化，分离出的粉尘经关风器排出，可再混入湿鸡粪，初步净化的尾气经余热水箱降温（同时可为工人提供洗浴热水），再经吸附槽和两级水浴塔的洗涤、氧化作用，去除粉尘和臭气，达到排放标准。

将燃烧炉调整到 700℃左右的稳定温度，视鸡粪含水量情况，通过调整定量喂料器转速（无级调速）调整进料量，可使出料水分稳定在 13%左右（或所需要的含水量）。JFGJ-1 型鸡粪干燥加工生产线与 JH 系列鸡粪快速烘干设备的工作原理和工艺流程相近。9ZS 鸡粪再生饲料烘干设备与上述两种设备的相同点是干燥器主体均为卧式筒体且内部带有破碎装置，都采用顺流干燥方式。不同点是前者的筒体为回转式，后者的筒体为固定式；前者在物料下落时被高速旋转的破碎装置击碎，而后者则是破碎装置的搅拌叶片将物料打碎并由筒底搅起抛向筒体上部空间。

6. 热喷处理设备　该设备的工艺流程为：将预干燥的鸡粪装入压力容器内，密封后由锅炉提供的压力水蒸气，保持压力10分钟左右，然后突然减至常压喷放，即得热喷鸡粪。其特点是：加工后的鸡粪杀虫、灭菌、除臭效果较好，有机物消化率可提高13.4%、20.9%。这套设备还可处理死鸡、羽毛等其他鸡场废弃物。其入料含水量要求在30%以下。经直接高压蒸汽的作用，处理后含水率增加10%以上，因此需要进行预干燥和产品干燥。工艺流程见图4-10。

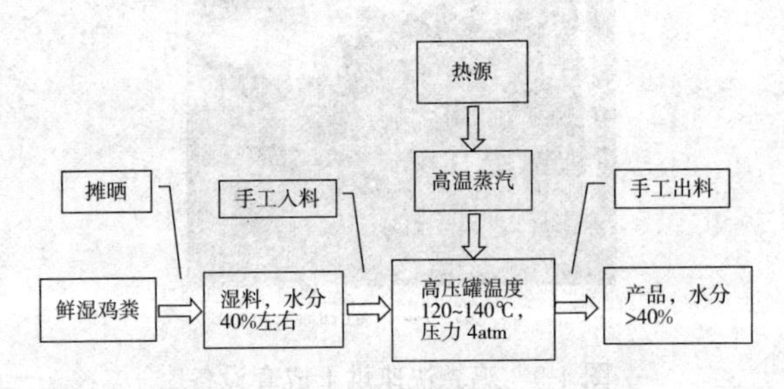

图4-10　热喷法处理鸡粪工艺流程图

这是一种可在短时间内除臭、灭菌、杀虫，并提高有机物消化率的鸡粪再生饲料生产方法。我国生产的热喷设备以内蒙古畜牧科学院研制的RP-6、RP-8等型号的热喷设备为代表。热喷设备主要由主机——热喷压力罐、蒸汽锅炉以及辅机——进料罐、排料罐等组成。

将预干至含水量18%以下的鸡粪装入压力罐内，密封后通入由锅炉提供的压力为11.76×105帕左右的水蒸气，经10分钟左右，然后突然减至常压喷放，即得热喷鸡粪饲料。热喷鸡粪喷出罐后水分在25%以上，如要长期保存，水分应降到14%以下。

7. 微波处理设备　该设备的工艺使预干至含水量35%以下的鸡粪通过微波加热器，使之受到强大的超高频电磁波的辐射作用，达到干燥、杀虫、灭菌除臭的目的。其特点是：杀虫灭菌效果好，处理后保持原有成份的含量和色泽。但设备去除水分的能力较低，在物料含水率大于30%的情况下，除水率仅为8%～10%。

微波是指波长很短的无线电波，波长范围从1毫米至1米。由于频率非常高，所以又叫超高频。在超高频外电场的作用下，物料中的极性分子会以同样的频率随外加电场方向的改变而摆动，产生类似摩擦的作用，部分能量转化为热运动，使被处理的物料升温，称为热效应。微波加热不同于常规的先外后内加热，而是内外同热，不需要传热过程，比常规加热方法要快数十倍甚至数百倍。

用微波处理物料时，在强大电场作用下，构成生物体的各种高分子的可动性基、极化基和离子等处于急剧振动状态，会引起蛋白质的核酸和生理活性物质构成的变性，从而达到杀虫灭菌的效果，称为非热效应。在一定温度下，微波灭菌比一般加热杀菌可缩短微生物死亡时间，在一定处理时间内，微波杀菌的温度要低得多。

图4-11是微波干燥鸡粪饲料工艺流程框图。将预摊晒到含水量20%左右的鸡粪粉碎或粉碎后制成颗粒，再经微波处理，即可制成含水量13%以下的鸡粪再生饲料。如果处理前的鸡粪含水量较高，处理后的鸡粪应再干燥才能长期储存。

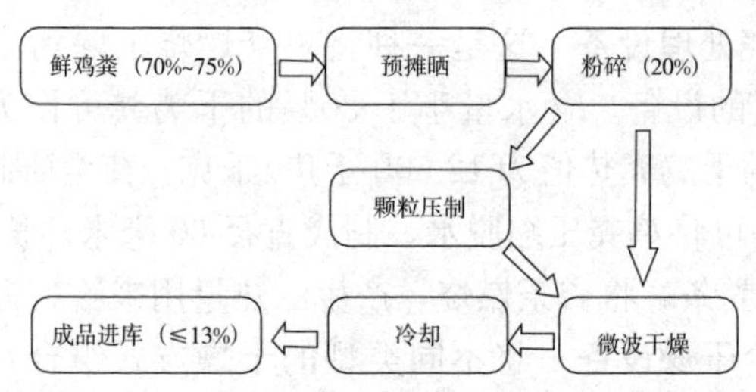

图4-11 微波干燥鸡粪饲料工艺流程框图

有关研究设计人员认为，在处理量800千克/小时、脱水率

10%情况下，选用L波段（915兆赫）、三台30千瓦的微波源串联使用较为合理，加热器形式宜采用箱式。为避免预摊晒对环境造成污染，可采用太阳能大棚加微波处理的组合工艺。

（三）其他处理设备

1. 膨化处理设备 膨化处理法采用螺杆膨化机处理鸡粪，如吉林大学生物工程公司研制的膨化鸡粪饲料设备。利用加工中螺杆的机械挤压，形成对物料的增温、剪拉和加压作用，可达到灭菌、熟化、膨化、提高消化率的目的，产品可以达到饲料卫生标准。图4-12为膨化处理工艺流程。

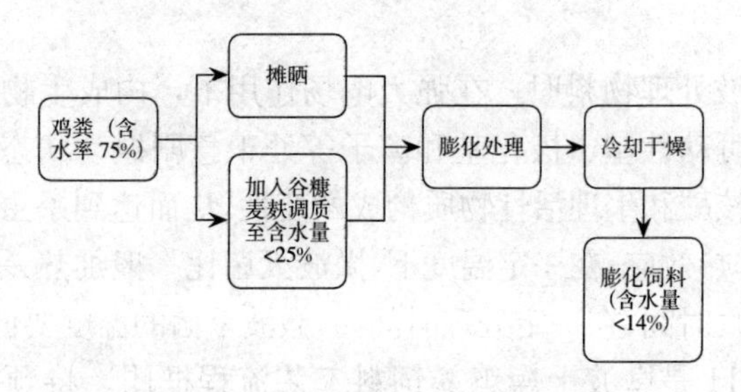

图4-12 鸡粪膨化处理工艺流程

先将鲜鸡粪预摊晒，再掺入谷糠、麦麸等，使含水量在25%以下，再经膨化处理即可制成膨化鸡粪再生饲料。

2. 燃烧处理设备 这是一种将鸡粪燃烧消除污染并产生一定可用热量的设备。含水量小于30%的干鸡粪可作为燃料，含水量20%的干鸡粪热值为12 500千焦/千克。荷兰研制成功的一种专用设备可将鸡粪压缩脱水，制成直径60毫米，长度为200～300毫米的粪条，将粪条燃烧，产生的热量用来给鸡舍加温。

3. 组合干燥设备 将不同类型的干燥方式组合在一起，取长补短的干燥设备。如将发酵干燥方式与高温快速干燥相结合，既可以减少燃料消耗，又可以提高产品品质。

目前国内运用较多的是太阳能大棚槽式发酵干燥和高温快速

干燥组合。既利用了前者能耗低的优点，又利用了后者不受气候条件影响、产品质量高、商品化性能好的优点。而且二者的结合还可使高温快速烘干设备的尾气净化（除尘和除臭），余热得到进一步利用。实施办法是：在发酵干燥槽的下部设置一个烟道，烘干尾气通入这个烟道，尾气余热加热槽底，并将热量传给物料，促进其发酵干燥，烟道前部截面积很大，烟气流速很慢，降温效果显著，烟道后部装入可更换的吸附材料，可除去烘干机尾气的臭味。中国农业工程研究设计院的实践证明，这种组合干燥法比高温快速干燥节煤25%左右。

以上鸡粪加工处理技术使鸡场环境确实得到了很大改善，但据资料介绍和在国外的实地考察了解，这些方法仍有许多不尽如人意之处，尤其是加工鸡粪造成的空气污染仍未解决。无论是直接干燥法，还是发酵法都有难闻的气味产生，即便发达国家也是如此。此外，没有任何一种方法是普遍适用的，必须根据国情，因地制宜地采用最合适的方法。

二、污水处理设备

鸡场每天冲刷鸡舍产生大量污水，这些污水中含有固形物1/10～1/5不等；鸡场棚舍内利用人工清运干粪后排出的污水，也仍然残留有较多的固形物，采用物理方法（如固液分离、沉淀、过滤等）主要是将这部分残留物分离出来，降低污水中有机物质浓度。这一方法的优点在于用相对较小的投资及运行成本降低后段污水处理的难度，可作为鸡场污水的预处理手段，为后续处理系统（如曝气复氧、微生物菌分解、生物膜处理等）作准备。

（一）沉淀池

含10%～33%鸡粪的粪液，放置24小时，80%～90%的固形物会沉淀下来。经过两级沉淀后，水质变得清澈，可用于浇灌果树或养鱼。

（二）生物滤塔

生物滤塔是依靠滤过物质附着在多孔性滤料表面所形成的生物膜来分解污水中的有机物。通过这一过程，污水中的有机物既过滤又分解，浓度大大降低，可得到比沉淀更好的净化程度。

（三）化粪池

化粪池主要是利用厌氧微生物对污水进行发酵，从而达到降解有机物质的目的。根据粪液及冲洗水性质，传统的单室化粪池已不能满足净化处理的要求，因而需要三格化粪池，即串联的三室。第一室主要起沉淀作用，也有部分固体物质进行分解，该室通常还处于好氧状态，污水中溶解态的有机物降解不多，第二、三室处于完全厌氧消化状态，主要对污水中溶解态的有机物进行厌氧分解。经这一处理固体物质去除率达90％～95％，COD去除率达50％～65％。

化粪池的优点在于可直接利用粪水中的厌氧微生物，不再需要另外投入培育的细菌，而且这一方法仅需一定的投入启动资金，运行费用相对较低。因此在占地较大的畜禽场，可利用现有场地开辟化粪池。

（四）曝气复氧处理设施

经过物理处理、化学处理、三格化粪池等预处理后排出的污水，以及沼气工程产生的沼液，其污染物浓度仍然较高。采用曝气复氧处理，主要作用是在污水中增加氧气，从而促进好氧微生物对污染物的降解，达到污水净化作用。曝气复氧处理一般可使污水中污染物降解10％～30％。

（五）生物菌处理设施

通过改进传统的污水处理工艺格栅-酸解池-接触氧化-沉淀池-排放，采用各种生物技术，培养出特异的微生物菌群，或加入混合酶液，以此降解有机物、控制或抑制臭味产生，从而达到净化水质的目的。

利用微生物菌处理污水，是现代高科技生物技术的一大重要研究成果，目前已开始应用和试验的微生物菌处理技术有生物膜技术、直接在污水中加入微生物菌处理技术和流离技术。

（六）氧化塘（沟）

氧化塘（沟）一般作为禽粪污水的二级净化处理系统，对经过预处理后的污水进行净化处理。氧化塘多数为兼型塘性质，兼用好氧和厌氧性质的氧化处理。初始 COD 在1 000～2 000毫克/升的污水，经氧化塘（沟）处理停留15天时间，一般能够做到达标排放。

氧化塘（沟）主要种植水葫芦、水花生、鸭跖草和虾蚶草等，这些植物能耐高有机物质的污水，根系能净化污水，同时又为水生动物提供食物。

（七）人工湿地系统

人工湿地是一个人造的完整的湿地生态系统，由水生植物、碎石煤屑床、微生物等构成，污水流经人工湿地发生过滤、吸附、置换等物理、化学作用和植物、微生物吸收、降解等生物作用，从而达到净化水质的目的。

人工湿地系统工艺流程见图 4-13。

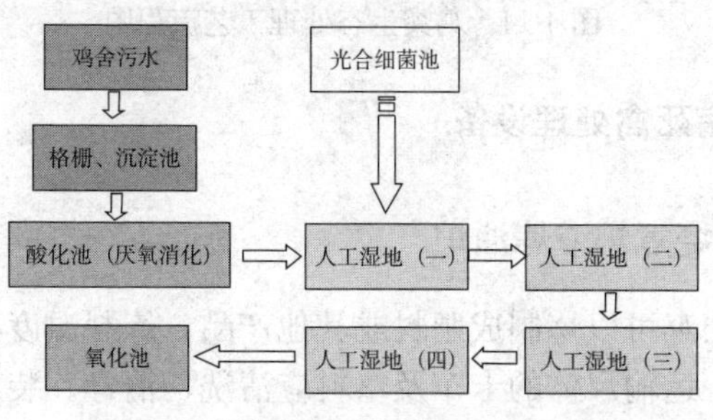

图 4-13　鸡粪处理人工湿地工艺流程图

人工湿地处理高浓度有机废水具有投资低、运行费用低、维护技术低的特点，比较适合作为鸡场污水处理流程的一个组成部分。人工湿地可以利用废弃或闲置的农田、洼地、水塘等加以改造而成。

（八）生态处理系统

生态处理系统的主要优点是较好地利用禽粪污水中的物质与能量。适用于饲养规模大，并有一定数量的农田菜地、饲料地、果园、鱼塘配套的禽场。

生态处理系统结构可分为：固液分离、气化池、缓冲池、曝气池、农田菜地（饲料地、果园）、鱼塘等，工艺流程见图 4-14。

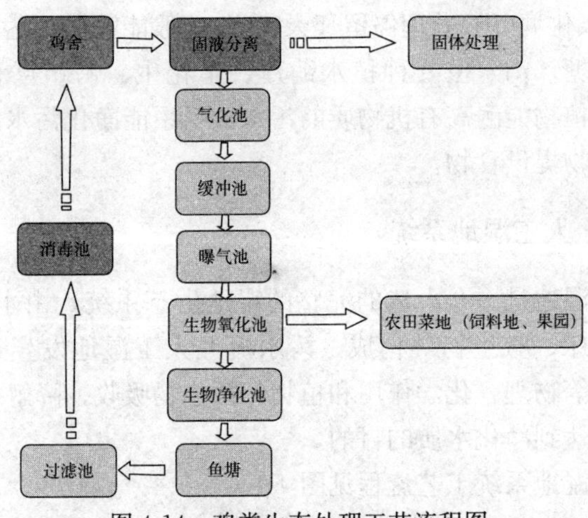

图 4-14　鸡粪生态处理工艺流程图

三、病死禽处理设备

（一）烧煮炉或炼油炉

新死的鸡可以炼制成肥料或其他产品，炼制温度必须达到灭菌的程度。运输尸体的卡车及垫料应清洗、消毒。装载尸体的容器必须采用蒸汽清洁和灭菌。在运输尸体前后均必须采取严格的消毒措施，运输必须采用严格的全密闭车辆。如果不采取严格的预防措施，就有可能从某些发病地区将疾病带入另一地区。

（二）焚尸炉

焚烧是杀死传染性物质的最可靠方法。对于小范围的病死鸡，如不需要到集中处理时，可自己购置焚尸炉。为了实施无公害养禽生产，我国政府鼓励有技术的企业生产小型的经济、实用型焚尸炉上市。这样便于养禽场及时将病、死禽进行处理。但焚尸炉必须设计合理，以免在燃烧时出现空气污染（图 4-15）。

图 4-15 焚尸炉

（三）掩埋沟

对于那些因死亡带来严重的尸体处理问题，或经济效益承受能力较差的养鸡场，在目前我国环境法规尚允许的条件下，可挖一深沟掩埋尸体，这样其他动物就不会吃到。最好也是最容易的方法就是用反向铲挖成一个深而窄的沟，把当天收集到的死鸡投放在里面，然后覆盖，到装满为止。

（四）分解坑（或分解池）

对少量死亡的正常淘汰的鸡，也可以修建较大而粗放的密封分解坑，但必须注意位置，不能污染供水，不能塌方，动物不会向坑内打洞，蝇和其他昆虫不能侵入，最重要的是儿童们不能跌落进去。顶盖必须用胶纸或塑料封闭，必须能支持 0.67 米厚泥土的压力。地下水水位较浅的地方，挖地下坑不太方便时，可选用建立于地面的堆肥场。

（五）堆肥场

美国马里兰大学研究出一种处理方法，是利用需氧菌、嗜热细菌成批处理家禽尸体。稻草、全禽尸体、有机肥和水在堆肥混合中的比例为 1∶1∶1.5∶0.5（每一层加 1/3 水），这样可迅速分解且无臭味。堆肥很快加热，温度达 62.8～73.9℃，14 天内可完全处理软组织。病原存活检查表明，该处理过程是生物上“清洁”的。试图分离大肠杆菌、沙门氏菌和处理鸡的传染性法氏囊病病毒等均为阴性结果。堆肥的方法可能是较之传统死禽处理方法更为有效的一种方法，特别是在地下水位接近地面的地方尤为适用。

（六）简易焚烧桶

对免疫过程中使用过的耗材与病死禽的清扫耗材，如抹布、棉球、少量一次性注射用具和防疫服等，可采用简易焚烧桶进行焚烧处理（图 4-16）。

不管用哪种处理方法，运死鸡的容器应便于消毒密封，以防运送过程中污染环境。如鸡由于传染病而死亡最好进行焚烧。

图 4-16　简易焚烧桶

参 考 文 献

GB 50039—2010. 农村防火规范.

NY 5027—2008. 无公害食品畜禽饮用水水质标准.

NY/T 1222—2006. 规模化畜禽养殖场沼气工程设计规范.

Robert R. McEllhiney. 1996. 饲料制造工艺（第四版）[M]. 沈再春，万学遂，邢伟东等译. 北京：中国农业出版社.

SBJ 05—1993，饲料厂工程设计规范.

陈顺友. 2009. 畜禽养殖场规划设计与管理 [M]. 北京：中国农业出版社.

程绍明，马杨晖，等. 2009. 我国畜禽粪便处理利用现状及展望 [J]. 农机化研究（2）：222-224.

傅传臣，周金龙，张立. 2011. 畜牧养殖学 [M]. 北京：中国农业科学技术出版社.

谷文英，过世东，盛亚白，等. 1999. 配合饲料工艺学 [M]. 北京：中国轻工业出版社.

黄炎坤. 2009. 养鸡场规划设计与生产设备 [M]. 河南：中原农民出版社.

蒋立茂，罗志伟，等. 2003. 集约化养禽场粪便无害化处理与利用技术[J]. 饲料工业(4)：21-23.

李德发，龚利敏. 2003. 配合饲料制造工艺与技术 [M]. 北京：中国农业大学出版社.

李德发. 1997. 现代饲料生产 [M]. 北京：中国农业大学出版社.

李东. 1995. 高效肉鸡生产技术 [M]. 北京：中国农业科技出版社.

李楠，倪培涛，等. 2007. 浅谈畜禽粪便的综合利用 [J]. 现代农业（12）：78-79.

刘春和，邢振岭，等. 1998. 禽畜粪便的处理方法及综合利用模式的探讨 [J]. 农机化研究（5）：77-80.

刘德芳. 1998. 配合饲料学 [M]. 第2版. 北京：中国农业大学出版社.

罗振堂，李树怀，马文波．1995. 标准畜禽舍的建设与利用［J］．辽宁畜牧兽医（6）：10-13.
马克·诺斯．1989. 养鸡生产指导手册［M］．上海：上海交通大学出版社．
毛新成．2005. 饲料工艺与设备［M］．成都：西南交通大学出版社．
庞胜海，郝波．2001. 饲料加工设备与技术［M］．北京：科学技术文献出版社．
饶应昌．1996. 饲料加工工艺与设备［M］．北京：中国农业出版社．
尚书旗，董佑福，史岩．2000. 设施养殖工程技术［M］．北京：中国农业出版社．
孙俊．2003. 消毒技术与应用［M］．北京：化学工业出版社．
童海兵，王克华．2008. 怎样办好家庭养鸡场［M］．北京：科学技术文献出版社．
阎晓峰．1996. 机械化养鸡指南［M］．北京：中国农业出版社．
杨久仙，刘建胜．2011. 动物营养与饲料加工［M］．第 2 版．北京：中国农业出版社．
杨明韶，杜健民．2013. 草业工程机械学［M］．北京：中国农业大学出版社．
张国宪，张君友，石应俭．1998. 现代实用养鸡技术［M］．北京：中国农业科技出版社．
张振涛．2002. 绿色养鸡新技术［M］．北京：中国农业出版社．

图书在版编目（CIP）数据

鸡场建设关键技术/童海兵，王强主编.—北京：中国农业出版社，2015.2（2017.3重印）
（科学养鸡步步赢）
ISBN 978-7-109-19962-0

Ⅰ.①鸡… Ⅱ.①童…②王… Ⅲ.①养鸡场—管理 Ⅳ.①S831

中国版本图书馆CIP数据核字（2014）第307609号

中国农业出版社出版
（北京市朝阳区麦子店街18号楼）
（邮政编码100125）
责任编辑 张艳晶 郭永立

中国农业出版社印刷厂印刷 新华书店北京发行所发行
2015年3月第1版 2017年3月北京第2次印刷

开本：850mm×1168mm 1/32 印张：6.375
字数：152千字
定价：18.00元